空天飞行器材料与结构高温试验技术

岳珠峰　刘付超　王佩艳　张柯　赵伟　著

U0228057

科学出版社

北京

内 容 简 介

本书总结团队多年来空天飞行器材料与结构高温试验方面的成果与经验。全书共 5 章，系统介绍了空天飞行器及其热结构问题与高温试验技术，并按照科研试验流程对材料高温性能试验、连接高温性能试验及结构高温性能试验涉及的具体试验类型等进行详细论述。

本书可供空天飞行器结构强度研究、飞行器结构设计等领域的试验技术人员以及研发人员参考，也可供相关专业高等院校师生阅读。

图书在版编目（CIP）数据

空天飞行器材料与结构高温试验技术 / 岳珠峰等著. -- 北京：科学出版社, 2025. 2. -- ISBN 978-7-03-079905-0

Ⅰ. V475.2-33

中国国家版本馆 CIP 数据核字第 2024VB8733 号

责任编辑：杨　丹 / 责任校对：崔向琳
责任印制：徐晓晨 / 封面设计：陈　敬

科 学 出 版 社 出版

北京东黄城根北街 16 号
邮政编码：100717
http://www.sciencep.com

三河市春园印刷有限公司印刷
科学出版社发行　各地新华书店经销

*

2025 年 2 月第 一 版　开本：720×1000　1/16
2025 年 2 月第一次印刷　印张：10
字数：200 000

定价：118.00 元
（如有印装质量问题，我社负责调换）

前　　言

空天飞行器具有精确定位、快速打击、强机动和强突防的优势，在飞行过程中面临非常严峻的气动加热环境。为确保长时间承受气动加热条件下飞行器主体结构及内部仪器设备的安全，必须采用高效隔热材料阻止外部热流向内部传递。同时，空天飞行器受到气动载荷作用，在飞行过程中翼、舵等姿态控制结构还会出现较大变形。高热应力与机械应力叠加，会影响空天飞行器结构性能及其承载能力，关系到空天飞行器的飞行安全。

为保证空天飞行器的服役性能，需要对相关材料和结构进行热-力耦合分析与试验研究。地面试验模拟空天飞行器服役环境下关键结构的热应力、热变形、结构热膨胀等高温力学性能变化对结构强度的影响，探究热环境和力学环境联合作用下材料的力学性能变化特征和结构的强度、刚度与稳定性。相关试验工作对考核与评估飞行器材料和结构在高温下的承载能力和安全性能具有重要意义及价值。

本书作者团队多年来一直从事各类型高温试验的研究工作，包括试验技术研究以及材料、连接部件、结构的高温试验，积累了丰富的试验经验。本书总结了作者团队多年来高温相关试验的研究成果，针对不同类型试验详细论述了具体试验过程并给出相关试验结论。同时，鉴于国内外飞行器设计规范一般只阐述试验项目与要求，本书针对不同试验项目给出操作层面的指导，并给出了试验结论。本书各章的主要内容如下。

第1章：概述空天飞行器及其热结构问题，并对高温试验研究现状进行总结。

第2章：介绍高温试验涉及的高温加热方式、高温测量方式以及高温试验系统的建立等试验技术。

第3章：围绕材料高温性能试验，介绍刚性隔热瓦、耐高温复合材料以及蜂窝夹层板等高温材料性能试验方法，并给出相关结论。

第4章：针对热防护系统与飞行器机体之间的三种主要连接形式(胶接、铆接和焊接)，通过高温性能试验探究其连接性能、失效形式和热阻断性能等。

第5章：通过飞行器前缘等典型高温结构，对耐热性能试验、可重复使用性能试验、热力联合试验以及热环境下的运动特性试验进行介绍。

由于作者水平有限，书中难免存在不足之处，欢迎广大读者批评指正！

目　　录

第1章 绪　　论

1.1　空天飞行器及其热结构问题

空天飞行器具有精确定位、快速打击的优势[1]，在全球安全、战略防卫等军事领域具有重要价值及意义。伴随着科学技术的发展，空天飞行器的飞行速度逐渐提高。美国航空航天局(NASA)研制的空天飞行器马赫数可以达到 15；俄罗斯研制的空天飞行器马赫数可达到 14[2]；法国紧随其后，开展了马赫数为 12 的空天飞行器的研制。基于整个世界大环境，我国也开展了空天飞行器的研制工作。

随着空天飞行器的设计飞行速度不断提高，高温热环境因空气动力加热产生的热量变得更加严峻。空天飞行器在飞行过程中，各部件与空气摩擦产生高温，温度可以达到 1000℃左右。NASA 记录的空天飞行器翼、舵等结构温度可达 750～1450℃，飞行器前端、进气道等局部区域温度接近 1800℃。当飞行器高速飞行时，结构的承载能力和材料的强度极限会因气动加热产生的高温显著降低，引发结构热变形，严重影响结构的安全性能，因此热防护问题是空天飞行器研制的关键[3]。

空天飞行器需要突破四个方面的关键技术问题：一体化设计技术、推进技术、空气动力学及结构材料技术[4]。尤其在空气动力学及结构材料技术方面，气动加热的严重性必须得到足够重视[5-8]。针对飞行器相关材料和结构进行隔热及热强度试验是保证飞行安全的必然举措，试验中模拟材料和结构在飞行过程中的真实加热条件，分析热应力等高温力学性能参数变化、热变形以及结构膨胀对结构强度的影响，为进一步分析提高结构的安全性和可靠性提供数据支持。

1.2　高温试验研究现状

飞行器结构上温度分布不均匀会导致部件内部产生热应力。同时，由于空天飞行器飞行速度快、滞空时间长，受到气动载荷作用，在飞行过程中翼、舵等姿态控制结构还会出现较大变形。高热应力与机械应力叠加，会影响机翼结构性能及其承载能力，关系到飞行器在飞行过程中的安全。外部温度的迅速升高导致机身局部区域可能产生裂纹，热流由此传入内部，对内部电子元件、电路系统造成破坏[5]。为保证空天飞行器的安全，须对相关材料和结构进行热力耦合分析与试验研究。借助有限元分析和地面试验模拟空天飞行器服役环境下关键结构的热应力、热变形、结构热膨胀等高温力学性能变化对结构强度的影响，进一步研究热力联合作用下材料的力学性能变化特征与结构的强度、刚度和稳定性。该项工作对考核与评估飞行器结构高温下的承载能力和安全性能具有重要意义及价值。

对于空天飞行器结构气动热载荷下的热力学性能，国内外都通过地面等效空天气动热力环境，进行了大量且持续的地面热试验研究。

20 世纪 80 年代初，美国对空天飞行器进行结构性试验分析研究，设立空天飞行器科研计划，并通过 NASA DFRC(美国航空航天局德莱顿飞行研究中心)、兰利研究中心材料与结构分析实验室等多家机构进行研究。上述机构热试验设施齐全，加热方式包括石英灯加热、石墨加热、燃气加热等。模块化石英灯加热系统温度可达到 1650℃并持续加热；石墨加热和燃气加热系统具有很高的加热效率，可用于翼、舵等结构极端环境下的热力耦合试验研究。俄罗斯航空航天研究院和空气动力研究院都建立地面热试验环境设施，以满足大结构高温高压极端环境下的热试验研究。

2000 年和 2004 年，NASA DFRC 先后对 X-37 型号空天飞行器进行了整体及各部件结构高温环境下的热辐射试验研究、强度试验研究、热力耦合试验研究，试验流程如图 1-1 所示；2005 年，热强度试验温度再次上升；2006 年后，针对该型号飞行器进行了副翼子部件全方位综合性试验研究，包括静力试验研究、热力耦合试验研究和热振耦合试验研究等，为空天飞行器结构的研发与改进提供重要参数及试验价值。

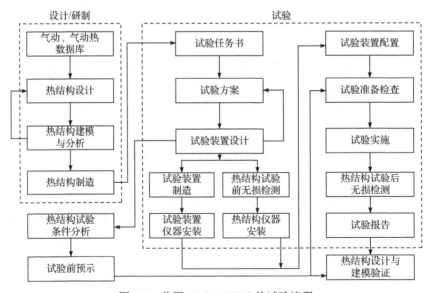

图 1-1　美国 NASA DFRC 热试验流程

相较于美国，中国在飞行器部件热试验方面还处于起步阶段。西北工业大学飞行器结构完整性技术工业和信息化部重点实验室多年来一直从事材料、连接部件及结构部件的高温试验与仿真分析工作，积累了丰富的经验，探索出一系列标准高温试验相关流程[9-11]。

对于结构的隔热性能试验及热力联合试验，高升温速率下温度载荷的控制目前已经较为成熟，但是试验过程中各类物理量的测试手段及测试方法还有待进一步完善。一方面是温度的测量，对于不同类型的试验对象，由于材料不同，传感器的类型及安装方式一般也不同。尽管解决了传感器的选型及安装问题，但依旧难以保证测量精度。另一方面，高温条件下位移及应变测量对传感器有较高要求，如何消除高温对传感器安装及测量的干扰依然具有很多挑战。

第 2 章　高温试验技术

2.1　概　　述

国内外相关机构通过地面等效空天气动热力环境，对空天飞行器结构气动热载荷下的热力学性能进行了大量且持续的地面热试验研究。

为了真实模拟气动力、气动热和其他物理场联合作用下空天飞行器结构部件的响应特性，以及考核结构在工作过程中某些功能的可靠性，需要搭建可靠的高温试验平台[12]。通过所搭建的高温试验平台模拟空天飞行器真实服役环境，测试飞行器结构的耐热性能、隔热性能以及力学性能等其他关键指标，评估飞行器结构的可靠性及适用性，为后续的结构优化改进提供数据支持。本章从高温加热方式、测量方式以及试验系统搭建等方面进行介绍。

2.2　高温加热方式

目前，高温试验中常见的加热方式主要有石英灯加热、石墨加热、燃气加热等。

1) 石英灯加热方式

由于具备两个突出的优点，石英灯加热方式得到了长时间的应用，且应用范围较广。第一，石英灯加热惯性小，便于对其进行控制；第二，当试验件(简称试件)结构复杂时，石英灯阵可以组成各种形状，以适应结构的复杂性。图 2-1 为石英灯辐射加热装置。

2) 石墨加热方式

石墨加热方式是利用石墨的导热性和电阻性来加热。石墨是一种具有良好导热性和电阻性的材料。通电时，石墨会产生热量，并将热量传递到被加热物体中。石墨加热方式具有以下优点：①加热速度快，可在短时间内将样品加热到高温；②加热均匀，可确保样品均匀原子化；③耐腐蚀性强，可在高温高压环境下使用。其最高加热温度能够达到 2200℃左右。

石墨加热方式主要适用于大尺寸试样的加热。此外，石墨加热方式主要在真空环境中进行，不适用于复杂形状的试验件，同时，电阻分布小并难以控制。

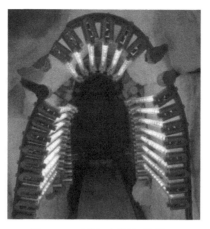

图 2-1　石英灯辐射加热装置

3) 燃气加热方式

随着空天飞行器性能的不断提升，其加速能力不断增强，飞行器结构表面升温迅速。为有效模拟该服役环境，燃气加热方式应运而生。燃气加热方式的燃料主要是液态氢，能提供较大的热流密度使试验结构的温度快速上升。燃气加热方式可用于评价飞机结构在高速气流下的抗侵蚀性能。

2.3　高温测量方式

2.3.1　温度测量

高温试验过程中，试验人员需获取大量的温度测量数据，准确进行温度测量是高温试验的必然要求。因此，温度测量系统被认为是空天飞行器结构热试验成功的关键之一[13]。常见的温度测量方式有接触式和非接触式[14]。

(1) 接触式测温：被测物体与测温传感器直接接触，用足够长的时间使其达到热平衡，这时温度计与被测物体的温度相同，从而认为实现了被测物体的温度测量。接触式测温又可以分为热膨胀测温、热电阻测温和热电偶测温等。

(2) 非接触式测温：利用辐射原理及仪器接受被测介质的辐射能，确定被测介质的温度。非接触式测温又可以分为亮度法测温、辐射法测温和比色法测温等。

在气动热和热防护试验中，最常用的温度测量手段包括热电偶、热电阻和各种非接触式测温方法。由于热电偶的应用非常广泛，下面重点介绍热电偶测温方法及温度测试系统。

1) 热电偶测温

热电偶是目前温度测量中应用最广泛的传感元件之一，既可以用于测量流体温度，也可以用于测量固体及固体壁面温度。热电偶测温基于热电效应原理。热电效应所产生的电动势称为热电势，由两部分组成，即接触电势和温差电势。

(1) 接触电势。当两种不同材料相互接触时，由于内部电子密度(单位体积中的自由电子数)不同，两者的自由电子向对方的扩散速率不同，因此总体上看就会有一些电子从一种材料(电子密度较大，设为 A)扩散到另一种材料中(电子密度较小，设为 B)，形成扩散电流。

(2) 温差电势。温差电势是由于材料(如材料 A)两端温度不同而产生的一种电动势。由于材料两端温度不同($T > T_0$)，两端电子的能量也会不同，温度高的一端电子能量较高，向另一端扩散的速率就会比反向扩散的速率高，使高温端带正电，低温端带负电，形成一个从高温端指向低温端的静电场，抑制电子向低温端扩散，最后达到平衡状态。

2) 温度测试系统

温度测试系统常用 DH3820、DH3815 等静态测试系统。其采用模块式设计，可灵活组合采集模块进行分布式测量或组成上千通道的测试系统，适用热电偶、应变计及各类应变式传感器的信号测量。DH3820 实物如图 2-2 所示。

图 2-2　DH3820 实物

2.3.2　应变测量

应变测量是力学性能试验中的一项基本任务，是了解飞行器在力热耦合作用下结构行为的基础。

进行应变采集时同样可以采用 DH3820 等静态测试系统。其主要技术指标如下。

(1) 测量点数：每个数据采样箱可测 16 个通道，每台计算机最多可控制 32 个测试系统(即 4096 个通道)。

(2) 采样速率：1、2、5、10、20、50、100，单位为 Hz/通道。

(3) 应变计灵敏度系数：1.0～3.0 自动修正。

(4) 应变测量：满度值±50000με，分辨率 0.5με。

(5) 系统示值误差：不大于$(0.5\%\pm3)\mu\varepsilon$(满度值的 0.1%)。

1) 应变片基本原理以及连接

为了将电阻应变式传感器的电阻变化转换成电压或电流信号，在应用中一般采用惠斯通电桥作为其测量电路。电桥电路具有结构简单、灵敏度高、测量范围宽、线性度好且易实现温度补偿等优点。为了保证试验准确性，一般采用双臂或全桥工作。应变片测量电路如图 2-3 所示。

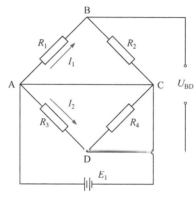

图 2-3 应变片测量电路

2) 应变片使用方法及步骤

当前试验中大多采用粘贴法进行应变片安装。应变片粘贴质量的好坏，是决定应变测试成功与否的关键因素之一，因此必须严格按照粘贴的工艺流程进行操作[15]。应变片粘贴的工艺流程如下。

(1) 选择应变片。根据被测物与目的选择应变片的种类及长度。检查应变片外观，观察引线是否完好，测量应变片阻值。

(2) 打磨并标记。将所要粘贴的部位用砂纸打磨，除去涂漆、锈迹等；使用铅笔或划线器在需要测量应变的位置沿着应变的方向做好记号。

(3) 粘贴面清洁。使用工业用薄纸蘸丙酮溶液沿着一个方向用力对所要粘贴应变片部位进行清洁。

(4) 粘贴。确认应变片的正反面，向背面滴一滴粘贴剂，将滴有粘贴剂的应变片立即粘在所做记号的中心位置。

(5) 加压。在应变片上覆盖聚乙烯树脂片，并用手指加压。

(6) 检查。加压 1min 左右，取下聚乙烯树脂片，确认是否已粘贴牢固；将应变片放置 60min 左右等粘贴剂完全硬化后再使用。

2.3.3 位移测量

高温试验中对飞行器结构位移变形进行测量，获取结构位移变形数据，同样是高温试验的重要任务。位移测量常采用顶杆式位移传感器(图 2-4)，测量精度±0.5%，与电脑直接连接采集试验加载过程中的位移变化量。顶杆式位移传感器采用电位器元件将机械位移转换成与之呈线性或任意函数关系的电阻或电压输出，阻值的变化量反映位移的量值，阻值的增加或减小则表明了位移的方向。其优点是结构简单，输出信号强，使用方便。

图 2-4 顶杆式位移传感器

2.4 高温试验系统的建立

2.4.1 加载系统

高温试验加载系统主要由控制系统、液压伺服作动器、热流测试电源系统、辐射加热装置等构成，如图 2-5 所示。

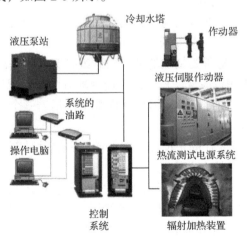

图 2-5 高温试验加载系统构成

系统采用多通道协调加载系统，可用于大型飞机结构试验。热流测试电源系统的主要作用是将交流电压转换为直流电压为石英灯管提供电源。石英灯辐射加热电源系统实物如图 2-6 所示。

图 2-6　石英灯辐射加热电源系统实物

2.4.2　MTS 控制系统

力学测试与模拟(mechanical testing & simulation，MTS)多通道协调控制系统(简称 MTS 控制系统)采用微机控制闭环系统，可对标准、非标准等不同结构试验件进行试验，软件界面如图 2-7 所示。

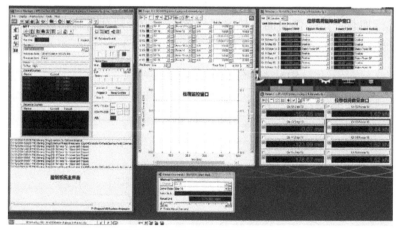

图 2-7　MTS 控制系统软件界面

2.4.3　热力联合加载方案

1) 力加载方案

力载荷通过 MTS 控制系统控制液压伺服作动器进行加载，液压伺服作动器中有力载荷传感器，用于力载荷施加过程中力大小的反馈。力载荷施加流程如图 2-8 所示。

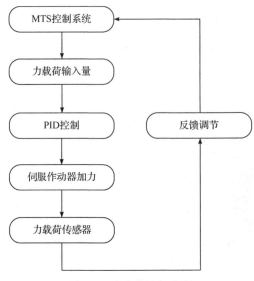

图 2-8　力载荷施加流程

PID 控制：比例-积分-微分控制

2) 热加载方案

热加载方案需要根据试验环境及试验结构进行设计。

辐射加热系统设计思路如下：热载荷通过 MTS 控制系统控制电源系统和加热装置进行加载，试验件表面有热电偶传感器，用于热载荷施加过程中温度大小的反馈。热载荷施加流程如图 2-9 所示。

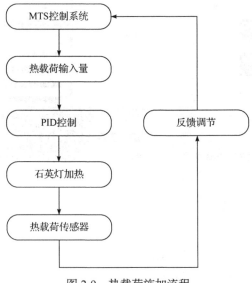

图 2-9　热载荷施加流程

　　电源系统包含三个电柜，各电柜相互独立，因此在热试验中可以进行多个区域的温度控制加载。该系统具有控制精度高、电压稳定、升降温响应迅速、抗干扰性能强、节能等优点。

第3章 材料高温性能试验

3.1 概　　述

材料性能包括材料的物理、化学、力学等方面的特性，是评价材料品质和应用价值的重要指标。随着空天飞行器的发展，一批以耐高温、轻质化为特点的新型材料不断涌现。空天飞行器飞行环境非常恶劣，处在力和热快速变化的环境之中，对材料的性能提出了更高的要求，除具备基本的力学性能及耐疲劳性能以外，还需具备良好的耐高温性能。对于空天飞行器，材料性能的充分研究是飞行器性能的重要保证。

通过材料高温性能试验，研究人员可以了解材料的耐热性能以及基本力学性能等特征，确定材料的适用范围，为材料的应用提供有力的依据。同时，为发展新材料、改进材料质量、发挥材料最大潜力(选用适当的许用应力)、分析材料制件故障提供科学支持。本章围绕该主题，对隔热瓦、耐高温复合材料及蜂窝夹层板等高温材料性能试验进行介绍。

3.2 刚性隔热瓦装机试验

3.2.1 引言

刚性隔热瓦是空天飞行器的一种典型热防护系统。飞行器高速飞行时，表面的刚性隔热瓦要承受严重的气动加热和气动载荷，因此，刚性隔热瓦除了需要具有良好的隔热性能外，还需具备一定的承载能力。开展刚性隔热瓦装机研制试验，获取刚性隔热瓦的涂层附着力和可重复使用性能参数、刚性隔热瓦组件的工艺性能和耐热性能参数，可为刚性隔热瓦装机提供参考依据。

刚性隔热瓦装机研制试验主要包括涂层附着力试验、瓦组件工艺试验、瓦组件热性能试验以及可重复使用性能试验。试验参考 ASTM C297《夹层结构平面拉伸强度试验方法》进行。试验环境主要包括室温环境、高温环境、冷热循环环境及真空环境，具体环境参数依试验要求而定。试验涉及的试验设备详情见表 3-1。在正式试验前，应确保试验设备在有效校准期内，试验机的加力系统具有良好的同轴度，使试样受力对称分布，准确度为 0.5 级；其他仪器和设备满足相应精度要求。

表 3-1　试验设备详情

序号	试验设备名称	用途	量程	精度
1	电子万能试验机	高温拉伸试验	0～10kN	0.5级(准确度)
2	热性能试验设备	耐热性能试验	20～1800℃	±5℃
3	高低温环境箱	高温拉伸试验	20～300℃	±2℃
4	液氮环境箱	冷热循环试验	−190～500℃	±2℃
5	真空环境试验装置	真空环境试验	真空度≤1×10⁻⁵Pa	—
6	硅钼棒	试验件加热	0～1800℃	—
7	热电偶	温度测量	−200～1600℃	±1.5℃
8	游标卡尺	尺寸测量	0～200mm	0.02mm
9	电子天平	质量测量	0～1000g	0.001g

3.2.2　涂层附着力试验

1. 试验目的

开展涂层附着力试验，评估涂层与隔热瓦之间的结合强度，以确定涂层对隔热瓦的性能影响，为后续设计改进提供支持。

2. 试验夹具及试验件

试验中用到的组合拉伸试验夹具如图 3-1 所示。

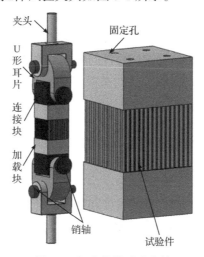

图 3-1　组合拉伸试验夹具

加载块胶接前，对试验件上下表面进行清理。用 DG-3 胶将试验件上下表面与加载块进行胶接。为了保证试验件与加载块胶接后 4 个侧面平齐以及胶接后两个加载块的两个外端面的平行度，设计如图 3-2 所示的试验件与加载块胶接工艺夹具。其中，4 个侧面的平齐通过长挡板、短挡板和活动限位挡板来控制；在 4 个侧面平齐的情况下，两个加载块的两个外端面的平行度通过在胶接的试验件顶部放置重物(模拟 0.05MPa 的压力)来实现。试验件与加载块采用 DG-3 胶胶接，用胶接工艺夹具在室温环境下固定 4h 后，拆除胶接工艺夹具，在高温环境下固化 4h。

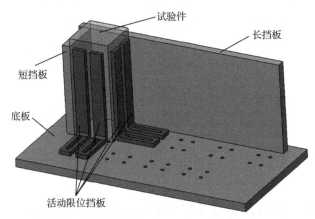

图 3-2　试验件与加载块胶接工艺夹具示意图

　　加载块和试验件胶接完成后，加载块与连接块采用螺栓进行固连，固连后确保加载块和连接块的四个端面平齐。夹头、U 形耳片和连接块通过销轴进行连接后，夹头和耳片可以绕互相垂直的销轴自由转动，从而保证试验夹具的自动对中，上下夹头的圆柱夹持区位于同一轴线。试验夹具上下夹头的夹持区直径一致，将上下夹头夹持在同轴度满足要求、上下夹头采用相同的带有 V 形口的楔形块的试验机上，确保试验机的加载轴线通过试验件的中心，满足试验件加载的对中性要求。

　　涂层附着力试验试验件如图 3-3 所示。

3. 试验方法

　　在室温环境下，测试试验件厚度方向拉伸至试验件破坏的拉伸强度，试验步骤如下：

　　(1) 对试验件进行编号、拍照并记录。

　　(2) 测量试验件三个典型位置的长度和宽度，计算平均值，并记录。

　　(3) 清理试验件上下表面，将试验件上下表面与加载块进行黏结，并在高温环境下固化 4h。

　　(4) 将黏结加载块的试验件装配在拉伸组合夹具上(图 3-1)，将组合夹具安装到试验机上，安装时注意对中性。

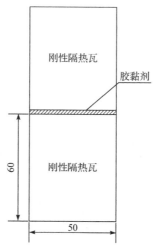

图 3-3　涂层附着力试验试验件示意图(单位：mm)

(5) 对试验机进行载荷清零后以 0.5mm/min 的加载速率进行试验，直至试验件破坏，记录试验数据。

(6) 对破坏后的试验件进行照相，记录试验件破坏模式。

(7) 参照 ASTM C297《夹层结构平面拉伸强度试验方法》对所得数据进行处理。

按下列公式计算拉伸强度：

$$\sigma = \frac{F}{A} \tag{3-1}$$

式中，σ——拉伸强度，MPa；

　　F——破坏载荷，N；

　　A——试验件横截面积，mm^2。

4. 试验结果与分析

涂层附着力试验采用 5 个试验件(F1-1～F1-5)，试验结果如表 3-2 所示，破坏模式如图 3-4 所示。从试验结果可以看出，载荷及强度结果数据一致性良好。从图 3-4 可以看出，所有试验件破坏均发生在刚性隔热瓦内部，符合试验预期破坏模式。

表 3-2　涂层附着力试验结果

试件编号	长度均值/mm	宽度均值/mm	破坏模式
F1-1	50.10	50.14	下部隔热瓦破坏
F1-2	50.15	50.10	上部隔热瓦破坏
F1-3	50.20	50.20	上部隔热瓦破坏

试件编号	长度均值/mm	宽度均值/mm	破坏模式
F1-4	50.20	50.18	下部隔热瓦破坏
F1-5	50.23	50.15	上部隔热瓦破坏

(a) 破坏位置

(b) 破坏界面

图 3-4　涂层附着力试验试验件破坏模式

3.2.3　瓦组件工艺试验

1. 试验目的

开展瓦组件工艺试验,分析用胶量和试验环境对隔热瓦组件的拉伸性能影响,确定主要失效模式。

2. 试验夹具及试验件

瓦组件工艺试验夹具与 3.2.2 小节相同。试验件为刚性隔热瓦组件,由刚性隔热瓦、应变隔离垫和复材面板通过胶接形式装配组合而成,瓦组件工艺试验试验件如图 3-5 所示。

3. 试验方法

瓦组件工艺试验试验件分为两组,一组进行室温拉伸试验,一组进行高温拉伸试验,试验步骤如下:

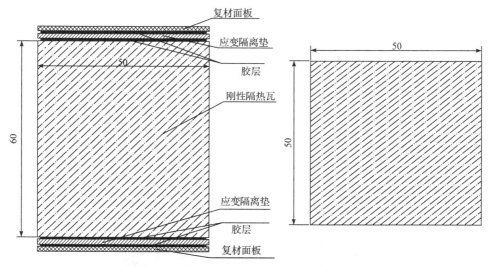

图 3-5　瓦组件工艺试验试验件示意图(单位：mm)

(1) 对试验件进行编号、拍照并记录。

(2) 测量试验件三个典型位置的长度和宽度，计算平均值，并记录。

(3) 清理试验件上下表面，将试验件上下表面与加载块进行黏结，并在高温环境下固化 4h。

(4) 将黏结加载块的试验件装配在拉伸组合夹具上(图 3-1)，将组合夹具安装到试验机上，安装时注意对中性。

(5) 对于室温试验，对试验机进行载荷清零后以 0.5mm/min 的加载速率进行试验，直至试验件破坏，记录试验数据。

(6) 对于高温试验，完成步骤(1)～(4)后，对高低温环境箱进行加热，待达到设定温度后，保温 10min。高低温环境箱加热和保温过程中不断调整试验机横梁，确保试验机载荷接近清零状态。保温结束后，对试验机进行载荷清零并以 0.5mm/min 的加载速率进行试验，直至试验件破坏，记录试验数据。

(7) 试验结束后，对破坏的试验件进行照相，记录试验破坏模式。

(8) 参照 ASTM C297《夹层结构平面拉伸强度试验方法》对所得室温和高温拉伸数据进行处理。

拉伸强度计算公式同式(3-1)。

4. 试验结果与分析

标准用胶量瓦组件工艺性能高温拉伸试验采用 5 个试验件(G1-1～G1-5)，试验结果如表 3-3 所示，破坏模式如图 3-6 所示。从试验结果可看出，载荷及强度结果数据的分散性较大。从图 3-6 可以看出，试验件的破坏发生在刚性隔热瓦和应变隔离垫的胶接界面层附近。

表 3-3　标准用胶量瓦组件工艺性能高温拉伸试验结果

试件编号	长度均值/mm	宽度均值/mm	破坏模式
G1-1	50.07	50.07	下隔离垫与复材板脱黏
G1-2	50.09	50.07	下隔离垫与瓦脱黏
G1-3	50.05	50.08	下隔离垫与复材板脱黏
G1-4	50.08	50.09	下隔离垫与复材板脱黏
G1-5	50.09	50.06	下隔离垫与复材板脱黏

(a) 破坏位置

(b) 破坏界面

图 3-6　标准用胶量瓦组件工艺性能高温拉伸破坏模式

　　1.1 倍标准用胶量瓦组件工艺性能高温拉伸试验采用 5 个试验件(G2-1～G2-5)，试验结果如表 3-4 所示，破坏模式如图 3-7 所示。从试验结果可以看出，载荷及强度结果数据的分散性较大。从图 3-7 可以看出，试验件有两种破坏模式，即隔热瓦内部破坏与上部瓦内聚破坏。

表 3-4　1.1 倍标准用胶量瓦组件工艺性能高温拉伸试验结果

试件编号	长度均值/mm	宽度均值/mm	破坏模式
G2-1	50.04	50.07	上部瓦内聚破坏
G2-2	50.03	50.09	上部瓦内聚破坏
G2-3	49.98	50.03	上部瓦内聚破坏

试件编号	长度均值/mm	宽度均值/mm	破坏模式
G2-4	50.07	50.09	隔热瓦破坏
G2-5	50.05	50.03	上部瓦内聚破坏

(a) 破坏位置

(b) 破坏界面

图 3-7　1.1 倍标准用胶量瓦组件工艺性能高温拉伸破坏模式

　　不同用胶量瓦组件在不同温度下的工艺性能拉伸试验结果对比如表 3-5 所示。从表 3-5 可以看出，用胶量对瓦组件的拉伸性能影响较大，试验环境对瓦组件的拉伸性能几乎没有影响。

表 3-5　不同用胶量瓦组件在不同温度下的工艺性能拉伸试验结果对比

试验件编号	用胶量	试验环境	强度变化率/%
W1-D1	标准用胶量	室温	—
W1-D2	1.1 倍用胶量	室温	49.70
W1-D3	1.1 倍用胶量	室温	46.11
W1-G1	标准用胶量	高温	−2.69
W1-G2	1.1 倍用胶量	高温	44.61

　　注：强度变化率 $= \dfrac{其他对照组拉伸强度 - 标准用胶量室温拉伸强度}{标准用胶量室温拉伸强度} \times 100\%$，正值表示性能提高，负值表示性能降低。

3.2.4 瓦组件热性能试验

1. 试验目的

开展瓦组件热性能试验，确定隔热瓦组件的隔热性能以及不同预处理情况下瓦组件的拉伸性能。

2. 试验件组成及编号

瓦组件热性能试验夹具与 3.2.2 小节中相同。试验件为刚性隔热瓦组件，由刚性隔热瓦、应变隔离垫和复材面板通过胶接形式装配组合而成，如图 3-8 所示。

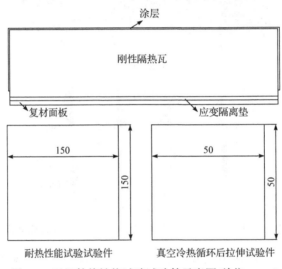

图 3-8　瓦组件热性能试验试验件示意图(单位：mm)

3. 试验方法

1) 耐热性能试验

耐热性能试验试验件共 5 个，其中编号为 Q1-01 和 Q1-02 的试验件进行载荷工况 1 试验，具体过程如下：

(1) 编号为 Q1-01 的试验件，在载荷工况 1 条件下，进行隔热试验，获得试验件表面温度-时间曲线(图 3-9)。

(2) 编号为 Q1-02 的试验件，在步骤(1)获得的表面温度-时间曲线的基础上，将高温持续时间段延长 100s 后，进行隔热试验，得出新的热载荷加载曲线。

编号为 Q2-01～Q2-03 的试验件进行载荷工况 2 试验，具体过程如下：

(1) 编号为 Q2-01 的试验件，前 100s 时温度上升，保温到 200s，自然冷却。

(2) 编号为 Q2-02 的试验件，前 100s 时温度上升，保温到 500s，自然冷却。

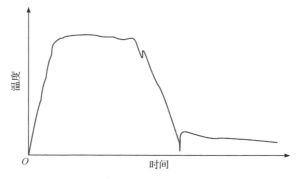

图 3-9　载荷工况 1 温度-时间曲线

(3) 编号为 Q2-03 的试验件，前 100s 时温度上升，保温到 200s，自然冷却。
耐热性能试验拟在热性能试验设备上完成，试验步骤如下：

(1) 对试验件进行编号、拍照、称重并记录。

(2) 测量试验件三个典型位置的长度和宽度，计算平均值，并记录。

(3) 清理试验件表面，在试验件表面黏结热电偶，热电偶分布如图 3-10 所示。

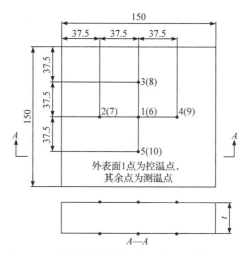

图 3-10　耐温性能试验热电偶分布(单位：mm)

(4) 将厚度为 20mm、中心带有 155mm×155mm 方孔的氧化锆隔热毡覆盖在
热性能试验设备的硅钼棒上方支架上。

(5) 将已焊接热电偶的试验件放置在热性能试验设备的硅钼棒上方支架上，
使得试验件中心位置与氧化锆隔热毡方孔中心位置尽量重合，试验件外表面(涂层
一侧表面)朝下放置。

(6) 采用厚度为 65mm、中心带有 150mm×150mm 方孔的氧化锆隔热毡对试
验件四周进行包裹。

(7) 将热电偶与热性能试验设备的控制系统进行连接。

(8) 将试验件对应的载荷工况曲线输入热性能试验设备的控制系统。

(9) 开启热性能试验设备的加热装置，控制系统按照要求对试验件进行加热、保温和冷却。

(10) 试验过程中，控制系统实时采集试验件外表面和复材面板表面的温度并记录。

(11) 完成试验后对试验件进行拍照、尺寸测量、称重并记录试验件表面的状态，绘制试验件外表面和复材面板表面的温度-时间曲线。

2) 真空冷热循环预处理试验

真空冷热循环预处理试验试验件共 9 个，具体试验过程和要求如表 3-6 所示。

表 3-6 真空冷热循环预处理试验过程和要求

试验件编号	试验过程和要求
D-01～D-03	1. 进行冷热循环预处理试验(循环 120 次) 2. 进行真空预处理试验(真空度不高于 1.3×10^{-5}Pa) 3. 进行拉伸试验
D-04～D-06	1. 进行冷热循环预处理试验(循环 120×2 次) 2. 进行真空预处理试验(真空度不高于 1.3×10^{-5}Pa) 3. 进行拉伸试验
D-07～D-09	1. 进行冷热循环预处理试验(循环 120×4 次) 2. 进行真空预处理试验(真空度不高于 1.3×10^{-5}Pa) 3. 进行拉伸试验

冷热循环预处理试验在 WGDN-19500F 液氮环境箱中完成，真空预处理试验在 HLS-CGZK-1080 型真空环境试验装置中完成，拉伸试验在 5105 型电子万能试验机上完成。试验步骤如下：

(1) 对试验件进行编号、拍照、称重并记录。

(2) 测量试验件三个典型位置的长度和宽度，计算平均值，并记录。

(3) 使用 WGDN-19500F 液氮环境箱对试验件进行冷热循环预处理试验。通过真空冷热循环设备控制面板设置冷热循环预处理试验曲线，使试验件自动从室温升至高温，再降到低温，再升到室温，如图 3-11 所示。其中，温度到达高温和低温时分别保温 1min，高低温之间温度的平均变化率为 7.4℃/min。冷热循环预处理试验共进行 120 次、240 次、480 次上述循环。试验结束后进行拍照、尺寸测量、称重，并做记录。

(4) 使用 HLS-CGZK-1080 型真空环境试验装置对试验件进行真空预处理试验。通过真空冷热循环设备控制面板设置试验环境和时间，完成真空预处理试验。

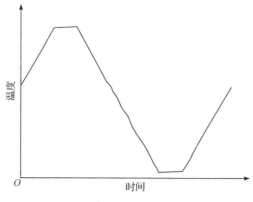

图 3-11　真空冷热循环温控曲线

试验过程中,真空容器的试验压力不大于 1.3×10^{-5}Pa。试验后对试验件进行拍照、尺寸测量、称重并记录。

(5) 对完成冷热循环预处理试验和真空预处理试验的试验件进行拉伸加载试验。

(6) 清理试验件上下表面,将试验件上下表面与加载块进行黏结,并在高温环境下固化 4h。

(7) 将黏结加载块的试验件装配在拉伸组合夹具上(图 3-1),将组合夹具安装到试验机上,安装时注意对中性。

(8) 对试验机进行载荷清零后以 0.5mm/min 的加载速率进行试验,直至试验件破坏,记录试验数据。

(9) 对破坏后的试验件进行照相,记录试验破坏模式。

(10) 参照 ASTM C297《夹层结构平面拉伸强度试验方法》对所得数据进行处理。

4. 试验结果与分析

1) 耐热性能试验
第一件隔热性能试验件(Q1-01)热面和冷面温度曲线如图 3-12 所示。
第二件隔热性能试验件(Q1-02)热面和冷面温度曲线如图 3-13 所示。
第三件隔热性能试验件(Q2-01)热面和冷面温度曲线如图 3-14 所示。
第四件隔热性能试验件(Q2-02)热面和冷面温度曲线如图 3-15 所示。
第五件隔热性能试验件(Q2-03)热面和冷面温度曲线如图 3-16 所示。

从图 3-12～图 3-16 可以看出,试验件热面升温速率对试验件传热性能影响十分显著,不仅影响试验件冷面的温度曲线,而且对冷面的最高温度影响显著。相对于热面最高温度,升温速率对试验件的隔热性能影响更加显著。

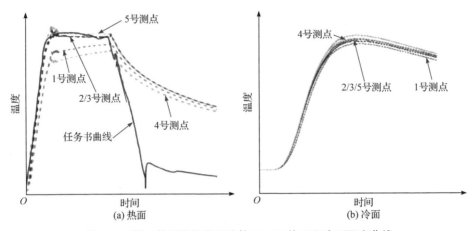

图 3-12 第一件隔热性能试验件(Q1-01)热面和冷面温度曲线

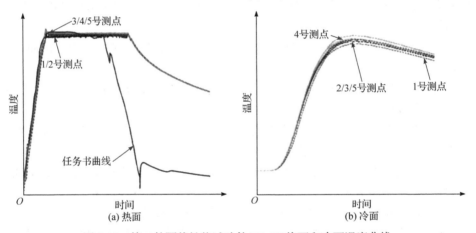

图 3-13 第二件隔热性能试验件(Q1-02)热面和冷面温度曲线

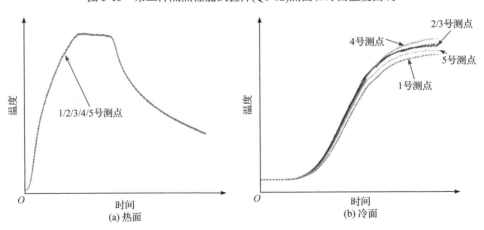

图 3-14 第三件隔热性能试验件(Q2-01)热面和冷面温度曲线

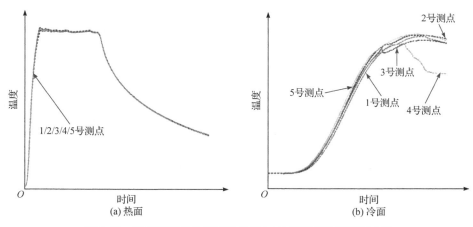

图 3-15　第四件隔热性能试验件(Q2-02)热面和冷面温度曲线

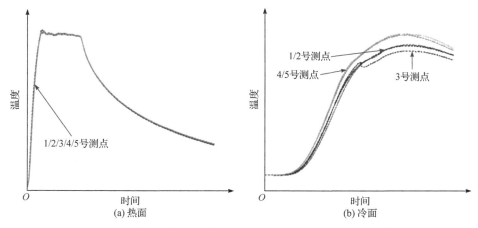

图 3-16　第五件隔热性能试验件(Q2-03)热面和冷面温度曲线

2) 真空冷热循环预处理试验

120 次冷热循环+拉伸试验结果、240 次冷热循环+拉伸试验结果、480 次冷热循环+拉伸试验结果分别如表 3-7、表 3-8、表 3-9 所示。从试验结果可以看出，载荷及强度结果数据的分散性较大。

表 3-7　120 次冷热循环+拉伸试验结果

试件编号	长度均值/mm	宽度均值/mm	破坏模式
D-1	50.21	50.28	刚性隔热瓦内部破坏
D-2	50.32	50.21	上部瓦内聚破坏
D-3	50.50	50.24	上部瓦内聚破坏

表 3-8　240 次冷热循环+拉伸试验结果

试件编号	长度均值/mm	宽度均值/mm	破坏模式
D-4	50.26	50.18	上部瓦内聚破坏
D-5	50.31	50.20	上部瓦内聚破坏
D-6	50.27	50.24	上部瓦内聚破坏

表 3-9　480 次冷热循环+拉伸试验结果

试件编号	长度均值/mm	宽度均值/mm	破坏模式
D-7	50.23	50.24	上部瓦内聚破坏
D-8	50.28	50.28	刚性隔热瓦内部破坏
D-9	50.16	50.23	上部瓦内聚破坏

经历不同次数冷热循环后试验件的拉伸试验结果对比如表 3-10 所示。从试验结果可以看出,冷热循环对试验件的拉伸性能影响较小。

表 3-10　经历不同次数冷热循环后试验件的拉伸试验结果对比

冷热循环次数/次	强度变化率/%
120	—
240	−10.05
480	−6.53

3.2.5　可重复使用性能试验

1. 试验目的

开展隔热瓦可重复使用性能试验,确定重复使用次数对隔热瓦拉伸性能的影响。

2. 试验方法

可重复使用性能试验试验件共 8 个,分为四组,依次进行冷热循环预处理试验、真空预处理试验、耐热性能试验和拉伸试验。试验过程和要求如表 3-11 所示。

表 3-11　可重复使用性能试验过程和要求

序号	试验件编号	试验过程和要求
1	C-01～C-03、C-01	1. 进行冷热循环预处理试验(循环 120 次) 2. 进行真空预处理试验(真空度不高于 1.3×10^{-5}Pa) 3. 对试验件 C-01～C-03 和 C-01 进行耐热性能试验,且放置室温后观察表面状态 4. 对试验件 C-01～C-03 进行拉伸试验

续表

序号	试验件编号	试验过程和要求
2	C-04～C-06、C-02	1. 进行冷热循环预处理试验(循环 120 次) 2. 进行真空预处理试验(真空度不高于 1.3×10^{-5}Pa) 3. 对试验件 C-04～C-06 和 C-02 进行耐热性能试验，放置室温
3	做完序号 2 的试验件 C-04～C-06、C-02	1. 进行冷热循环预处理试验(循环 120 次) 2. 进行真空预处理试验(真空度不高于 1.3×10^{-5}Pa) 3. 对试验件 C-04～C-06 和 C-02 进行耐热性能试验，且放置室温后观察表面状态 4. 对试验件 C-04～C-06 进行拉伸试验

冷热循环预处理试验在 WGDN-19500F 液氮环境箱中完成，真空预处理试验在 HLS-CGZK-1080 型真空环境试验装置中完成，耐热性能试验拟在热性能试验设备上完成，拉伸试验在 5105 型电子万能试验机上完成。试验步骤如下：

(1) 对试验件进行编号、拍照、称重并记录。

(2) 测量试验件三个典型位置的长度和宽度，计算平均值，并记录。

(3) 对 8 个试验件使用 WGDN-19500F 液氮环境箱进行冷热循环预处理试验。通过真空冷热循环设备控制面板设置冷热循环预处理试验曲线，使得试验件自动从室温升到高温，再降到低温，再升到室温，如图 3-11 真空冷热循环温控曲线所示。其中，温度到达高温和低温时分别保温 1min。冷热循环预处理试验共进行 120 次上述循环。试验结束后进行拍照、尺寸测量、称重，并记录。

(4) 对 8 个试验件使用 HLS-CGZK-1080 型真空环境试验装置进行真空预处理试验。通过真空冷热循环设备控制面板设置试验环境和时间，完成真空预处理试验。试验过程中，真空容器的试验压力不大于 1.3×10^{-5}Pa。试验后对试验件进行拍照、尺寸测量、称重并记录。

(5) 对编号为 W2-C-01 和 W2-C-02 的试验件进行耐热性能试验。

(6) 清理试验件表面，在试验件表面黏结热电偶。热电偶分布如图 3-10 所示。

(7) 将厚度为 20mm、中心带有 155mm×155mm 方孔的氧化锆隔热毡覆盖在热性能试验设备的硅钼棒上方支架上。

(8) 将已焊接热电偶的试验件放置在热性能试验设备的硅钼棒上方支架上，使试验件中心位置与氧化锆隔热毡方孔中心位置尽量重合，试验件外表面(涂层一侧表面)朝下放置。

(9) 采用厚度为 65mm、中心带有 150mm×150mm 方孔的氧化锆隔热毡对试验件四周进行包裹。

(10) 将热电偶与热性能试验设备的控制系统进行连接。

(11) 将试验件对应的载荷工况曲线(图 3-17)输入热性能试验设备的控制系统。

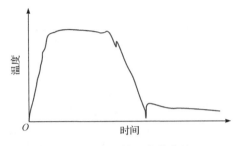

图 3-17　高温热流载荷曲线

(12) 开启热性能试验设备的加热装置，控制系统按照要求对试验件进行加热、保温和冷却。

(13) 试验过程中，控制系统实时采集试验件外表面和内表面的温度并记录。

(14) 完成试验后对试验件进行拍照、尺寸测量、称重并记录试验件表面的状态，绘制试验件外表面和内表面的温度-时间曲线。

(15) 对编号为 C-01～C-03 的试验件进行拉伸加载试验。

(16) 清理试验件上下表面，将试验件上下表面与加载块进行黏结，并在高温环境下固化 4h。

(17) 将黏结加载块的试验件装配在拉伸组合夹具上(图 3-1)，将组合夹具安装到试验机上，安装时注意对中性。

(18) 对试验机进行载荷清零后以 0.5mm/min 的加载速率进行试验，直至试验件破坏，记录试验数据。

(19) 对破坏后的试验件进行照相，记录试验件破坏模式。

(20) 编号为 C-04～C-06、C-02 的试验件再次进行冷热循环预处理试验(步骤(3))、真空预处理试验(步骤(4))。试验后对 4 个试验件进行拍照、尺寸测量、称重并记录。

(21) 对编号为 C-04～C-06、C-02 的试验件进行耐热性能试验。

(22) 重复步骤(6)～(14)，完成耐热性能试验。试验后对试验件进行拍照、尺寸测量、称重并记录试验件表面的状态。

(23) 对编号为 W1-C-04～W1-C-06 的试验件进行拉伸试验。

(24) 重复步骤(16)～(18)，完成拉伸试验。试验后，对破坏的试验件进行照相，记录试验破坏模式。

(25) 按照 ASTM C297《夹层结构平面拉伸强度试验方法》对所得 6 个试验件的数据进行处理。

3. 试验结果与分析

C-01 试验件经历 1 次预处理试验(120 次冷热循环+高温)，高温试验过程中热面和冷面温度曲线如图 3-18 所示。

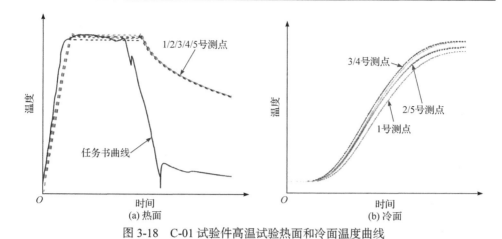

图 3-18　C-01 试验件高温试验热面和冷面温度曲线

　　C-04 试验件经历 2 次预处理试验(120 次冷热循环+高温)。2 次高温试验的热面和冷面温度曲线如图 3-19 所示。

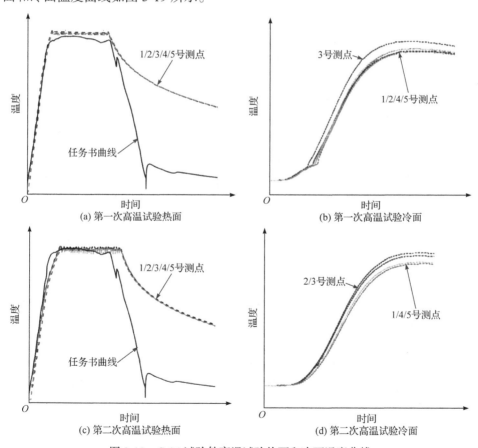

图 3-19　C-04 试验件高温试验热面和冷面温度曲线

C-02 试验件经历 1 次预处理试验(120 次冷热循环+高温)，C-03 试验件经历 2 次预处理试验(120 次冷热循环+高温)，后续分别进行拉伸试验，结果如表 3-12 所示。

表 3-12　C-02 试验件和 C-03 试验件拉伸试验结果

试件编号	长度均值/mm	宽度均值/mm	破坏模式
C-02	150.06	150.03	刚性隔热瓦边界无涂层附近破坏
C-03	150.28	150.17	刚性隔热瓦边界无涂层附近破坏

通过上述试验可以发现，重复使用对隔热瓦的拉伸性能并无明显影响。

3.2.6　小结

本节通过开展涂层附着力试验、瓦组件工艺试验、瓦组件热性能试验和可重复使用性能试验，明确了相关的试验规范，深入探究了瓦组件的力学性能。通过试验发现隔热瓦试件的破坏符合预期、重复使用对隔热瓦的拉伸性能无明显影响，相关结论为后续隔热瓦在新型飞行器上的应用提供科学的支撑。

3.3　机尾罩耐高温复合材料结构设计许用值试验

3.3.1　引言

空天飞行器在飞行过程中，机尾罩表面与高速气流剧烈摩擦，表面与气流产生对流传热，使得飞行器的表面温度迅速升高。因此，为减小气动加热的影响，机尾罩结构通常采用耐高温复合材料。

耐高温复合材料作为一种新型高温复合材料，在空天飞行器上得到越来越多的应用。较低的堆积密度产生高比刚度、强度和模量，以及在较宽的温度范围内具有良好的抗热振性和抗蠕变性，可以满足高温范围内的机械性能要求。本试验以耐高温复合材料为研究对象，在不同的环境下通过开孔拉伸、填充孔压缩等试验，开展针对某型结构的耐高温复合材料设计许用值研究。

试验分为开孔拉伸性能试验、充填孔压缩性能试验、钉孔挤压性能试验、典型连接(单钉单剪、双钉单剪)性能试验、V 形剪切性能试验、冲击后压缩性能试验和 T 形件拉伸、T 形件侧弯试验。试验所参照的标准如下：

● ASTM D5961《聚合物基复合材料层压板挤压响应的试验方法》；

● ASTM D5766《聚合物基复合材料层压板开孔拉伸强度标准试验方法》；

● ASTM D6742《聚合物基复合材料层压板充填孔拉伸和压缩试验的标准实施方法》；

● ASTM D7136《聚合物基复合材料对落锤冲击事件的损伤阻抗的标准试验方法》；

- ASTM D7137《含损伤聚合物基复合材料板压缩剩余强度性能的标准试验方法》;
- ASTM D5229《聚合物基复合材料吸湿性能和浸润平衡的标准试验方法》;
- ASTM D7078《由 V 形轨道剪切方法测定复合材料剪切性能标准试验方法》。

试验过程中,试验件按 A-B-C-D-N 规则编号,并将编号标注在试验件上,具体如下:

A(材料)——XX;

B(试验种类)——HT(开孔拉伸)、FHC(填充孔压缩)、SSB(双剪单钉挤压)、NHS(面内剪切)、HTC(冲击后压缩);

C(铺层代号)——A1 或者 A2;

D(试验环境)——RTD 或 CTD、ETW1、ETW2;

N(试件序号)—— 1～6。

其中:

RTD—室温干态,21℃±5.5℃;

CTD—低温干态;

ETW—高温湿态,85%湿态环境下吸湿饱和,在高温(ETW1)和高温(ETW2)下进行试验。

3.3.2　开孔拉伸强度试验

1. 试验目的

开展开孔拉伸强度试验,得到用于结构设计许用值及质量保证的含缺口拉伸强度数据,为后续结构设计及改进提供支持。

2. 试验方法

本试验在 UTM5105 型电子万能试验机上完成。室温、低温开孔拉伸强度试验具体步骤如下:

(1) 对试件进行编号,利用精度为 0.02mm 的游标卡尺测量试件任意三处的宽度和厚度,并取平均值进行计算。

(2) 以试验件孔中心为基准在左、右两侧 10.5mm 处粘贴 BE120-4AA 电阻应变片各一片,如图 3-20 所示。调整试验机的相对位置,安装试件。安装过程中注意试件的对中性。设定采集频率为 2Hz,对控制系统进行清零,以加载速率为 2mm/min 开始进行试验,直至试件破坏。记录试验数据。

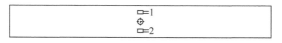

图 3-20　开孔拉伸贴片示意图

(3) 低温干态试验安装试件方法与室温试验相同。试验时对试验件进行降温处理，待温度箱温度降至设定温度，保温 1min 后按室温开孔拉伸的试验方法进行。

(4) 对典型试验件进行照相，记录试验破坏模式。

(5) 按照 ASTM D5766《聚合物基体复合材料层压板开孔拉伸强度标准试验方法》对所得数据进行计算。

按下列公式计算开孔拉伸强度：

$$F_x^{\text{OHTu}} = P_{\max}/A \tag{3-2}$$

式中，F_x^{OHTu}——试验方向开孔(缺口)极限拉伸强度，MPa；

　　　$P_{\max}$——破坏时的最大载荷，N；

　　　A——试验件毛横截面积(忽略孔)，mm²。

3. 试验结果与分析

开孔拉伸试验根据试验环境和复合材料铺层顺序不同分 4 组共 24 个。

试验件编号为 HT-A1(A2)-RTD(CTD)，其中 HT 表示开孔拉伸试验，A1(A2) 表示铺层代号，RTD(CTD)表示试验环境。A1 试验件的名义厚度为 2mm，A2 试验件的名义厚度为 3.2mm。典型曲线如图 3-21～图 3-24 所示。

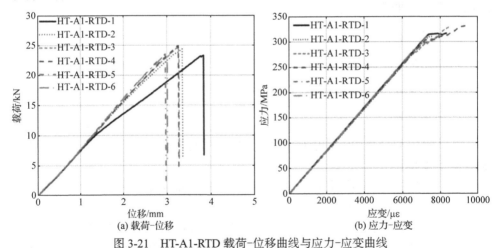

图 3-21　HT-A1-RTD 载荷-位移曲线与应力-应变曲线

由开孔拉伸性能试验结果可知，HT-A1、HT-A2 两组试样，各组试验数据的极限载荷、开孔拉伸强度的变异系数最大值为 2.79%，表明开孔拉伸试验可靠性和稳定性均较高。

对比各组测量指标可以发现,室温开孔拉伸强度要比低温开孔拉伸强度稍大,说明 A1 组的开孔拉伸强度稍好于 A2 组。

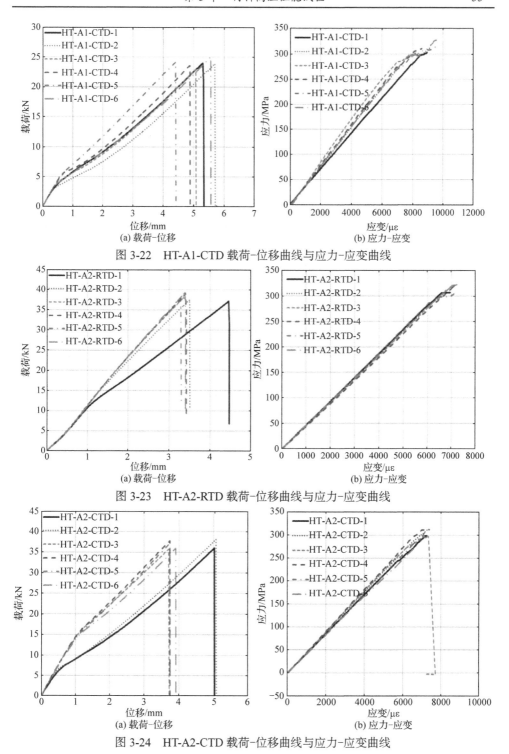

图 3-22　HT-A1-CTD 载荷-位移曲线与应力-应变曲线

图 3-23　HT-A2-RTD 载荷-位移曲线与应力-应变曲线

图 3-24　HT-A2-CTD 载荷-位移曲线与应力-应变曲线

无论是室温还是低温，A1 组的应变要大于 A2 组应变，且低温下的应变也大于室温下的应变。

3.3.3　充填孔压缩性能试验

1. 试验目的

开展填充孔压缩性能试验，得到用于结构设计许用值及质量保证的填充孔压缩强度数据，为后续结构设计及改进提供支持。

2. 试验方法

本试验在 CSS-44200 型电子万能试验机上完成。室温、高温干态填充孔压缩强度试验步骤如下：

(1) 对试件进行编号，用精度为 0.02mm 的游标卡尺测量试件任意三处的宽度和厚度，取其平均值进行计算。

(2) 将试验件安装在夹具内开始试验。调整试验机的相对位置，安装过程中注意试件的对中性。在组合后夹具中部安装标距 50mm 的引伸计，用于测量孔边变形。设定采集频率为 10Hz，对控制系统进行清零，以加载速率为 2mm/min 开始进行试验，直至试件破坏。记录试验数据。

(3) 高温湿态试验按 ASTM D5229《聚合物基复合材料吸湿性能和浸润平衡的标准试验方法》，先对试件进行吸湿处理。

(4) 将满足试验条件的试验件安装到夹具中放入环境箱内，在试件中部位置安装测量变形的引伸计，调整环境箱的温度，当达到设定温度值，保温 1min 后，设定采集频率为 10Hz，对控制系统进行清零，以 2mm/min 的加载速率开始进行试验，直至试件破坏。记录试验数据。

(5) 对典型试验件进行照相，记录试验破坏模式。

(6) 按照 ASTM D6742《聚合物基复合材料层压板充填孔拉伸和压缩试验的标准实施方法》对所得数据进行计算。

按下列公式计算充填孔极限压缩强度：

$$F_x^{\mathrm{fhtu}} = P_{\max} / A \tag{3-3}$$

式中，F_x^{fhtu} ——试验方向的充填孔极限压缩强度，MPa；

$P_{\max}$ ——破坏时的最大载荷，N；

A ——毛横截面积(忽略孔)，$A = h \times w$，mm^2。

按下列公式计算得到最大应变(最大载荷对应的应变)：

$$\varepsilon_{\max} = \Delta l / 50 \tag{3-4}$$

式中，$\varepsilon_{\max}$ ——最大应变，mm/mm；

Δl ——使用标距为 50mm 的引伸计，测得在 50mm 范围内的最大变形量；

50——引伸计标距为 50mm。

3. 试验结果与分析

填充孔压缩试验，根据环境和铺层不同分六组共 36 个。

试验件编号为 FHC-A1(A2)-RTD(ETW1, ETW2)，其中 FHC 表示填充孔压缩试验；A1(A2)表示铺层代号；RTD(ETW1, ETW2)表示试验环境，ETW1 为高温 1，ETW2 为高温 2。A1 试验件的名义厚度为 2mm，A2 试验件的名义厚度为 3.2mm。典型曲线如图 3-25～图 3-30 所示。

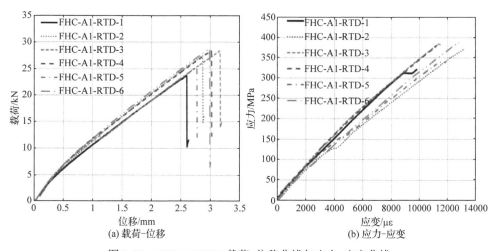

图 3-25　FHC-A1-RTD 载荷-位移曲线与应力-应变曲线

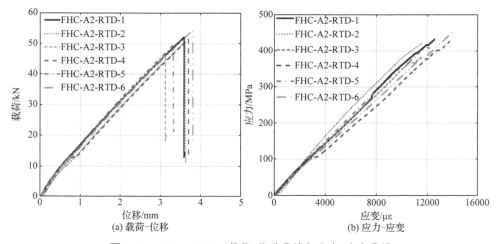

图 3-26　FHC-A2-RTD 载荷-位移曲线与应力-应变曲线

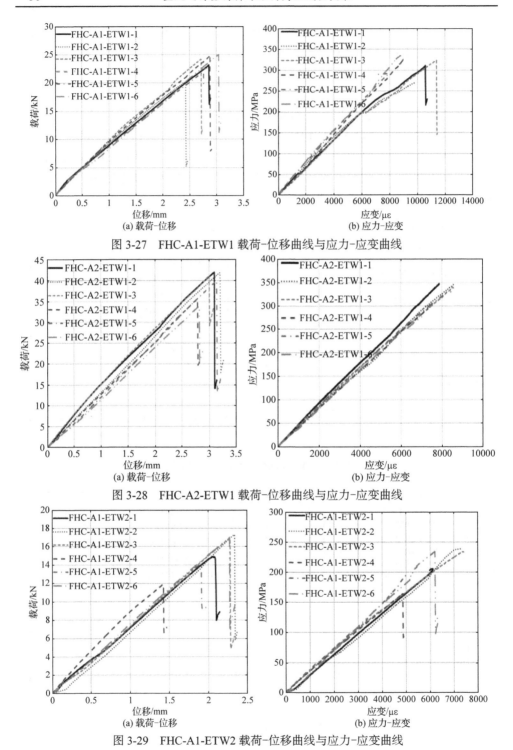

图 3-27　FHC-A1-ETW1 载荷-位移曲线与应力-应变曲线

图 3-28　FHC-A2-ETW1 载荷-位移曲线与应力-应变曲线

图 3-29　FHC-A1-ETW2 载荷-位移曲线与应力-应变曲线

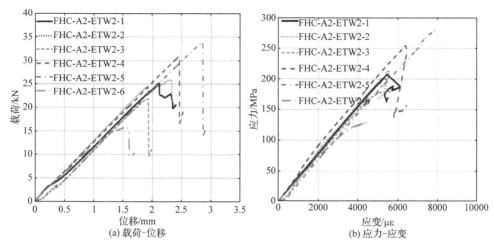

图 3-30　FHC-A2-ETW2 载荷-位移曲线与应力-应变曲线

由填充孔压缩强度性能试验结果可知,室温下 A1 组和 A2 组试验的极限载荷与填充孔压缩强度的最大变异系数为 7.53%,表明试验数据的可靠性和稳定性较高。在 250℃时最大离散系数为 8.92%,在 350℃时离散系数达到 17.53%,说明随着温度的升高数据的稳定性随之下降。

对比各组测量指标可知,在室温、高温 1 和高温 2 三种试验温度下 A2 组的极限压缩载荷、强度均高于 A1 组;比较三种温度下的应变,除高温 1 时 A1 组的应变大于 A2 组外,室温和高温 2 均是 A1 组大于 A2 组。总体上 A2 组的填充孔压缩性能要优于 A1 组。

对比室温与高温数据可知,随着温度的升高其强度和应变均出现下降趋势,室温时填充孔压缩性能最好,高温 1 时次之,高温 2 时性能最差,说明随着温度的升高,填充孔压缩性能随之下降。

3.3.4　钉孔挤压性能试验

1. 试验目的

开展钉孔挤压性能试验,得到用于结构设计许用值及质量保证的钉孔挤压性能数据,为后续结构设计及改进提供支持。

2. 试验方法

本试验在 UTM5105 型电子万能试验机上完成。高温干态试验配备 DGF301环境箱。室温、高温干态钉连接(单钉双剪)强度试验步骤如下:

(1) 对试件进行编号,用精度为 0.02mm 的游标卡尺测量试件任意三处的宽度和厚度,取其平均值进行计算。

(2) 室温试验，将试件直接安装在试验机夹头内，在试件中部位置安装测量变形的引伸计，开始试验前对载荷和位移计进行清零。以 2mm/min 的加载速率开始进行试验，直至试件破坏。记录试验数据。

(3) 高温干态试验按 ASTM D5229《聚合物基复合材料吸湿性能和浸润平衡的标准试验方法》，先对试件进行吸湿处理。

(4) 将满足试验条件的试验件放入环境箱内，按室温试验方法安装试验件，并在试件中部位置安装测量变形的高温引伸计，调整环境箱的温度，当达到设定温度值 250℃、350℃，保温 10min 后，对控制系统进行清零，以 2mm/min 的加载速率开始进行试验，直至试件破坏。记录试验数据。

(5) 对典型试验件进行照相，记录试验破坏模式。

(6) 按照 ASTM D5961《聚合物基复合材料层压板挤压响应的试验方法》对所得数据进行计算。

按下列公式计算挤压应力：

$$\sigma_i^{br} = \frac{P_i}{kDh} \quad F^{bru} = \frac{P_{max}}{kDh} \tag{3-5}$$

式中，σ_i^{br}——第 i 个数据点的挤压应力，MPa；

P_{max}——试件破坏时的最大载荷，N；

F^{bru}——极限挤压强度，MPa；

P_i——第 i 个数据点的载荷，N；

D——试件孔直径，mm；

h——试件厚度，mm；

k——每个孔的载荷系数，单紧固件或销钉试验取 1.0，双紧固件试验取 2.0。

按下列公式计算挤压应变：

$$\varepsilon_i^{br} = \frac{\delta_{1i}}{kD} \tag{3-6}$$

式中，ε_i^{br}——挤压应变，$\mu\varepsilon$；

δ_{1i}——引伸计在第 i 个数据点的位移，mm；

k——双剪试验取 1.0，单剪试验取 2.0。

3. 试验结果与分析

钉孔挤压试验，根据环境不同分三组共 18 个。

试验件编号为 SSB-RTD(ETW1，ETW2)，其中 SSB 表示单钉双剪挤压试验；RTD(ETW1，ETW2)表示试验环境。典型曲线如图 3-31～图 3-33 所示。

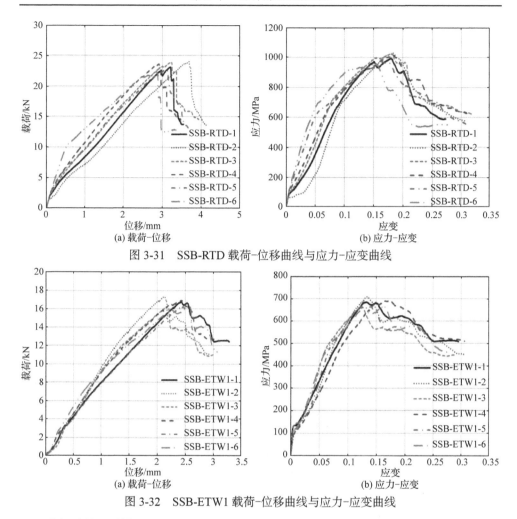

图 3-31　SSB-RTD 载荷-位移曲线与应力-应变曲线

图 3-32　SSB-ETW1 载荷-位移曲线与应力-应变曲线

由钉孔挤压(单钉双剪)试验数据结果可知，室温和高温 1 试样的极限载荷与极限挤压强度的最大变异系数均小于 2.82%，偏移挤压强度最大变异系数均小于 9.64%，表明室温和高温 1 试样极限载荷和极限挤压强度数据的可靠性和稳定性较高。高温 2 试样的极限载荷和极限挤压强度的最大变异系数为 13.33%，说明数据分散性偏大；其中有三件没有偏移挤压强度值，统计有效的三个偏移挤压强度最大变异系数为 0.359%。

对比各组测量数据可以看出，室温下的试验值较大，随着温度的升高极限挤压强度和偏移挤压强度下降，而三种温度状态下的偏移挤压应变相差不大。

3.3.5　典型连接性能试验

1. 试验目的

开展典型连接性能试验，得到用于结构设计许用值及质量保证的典型连接性

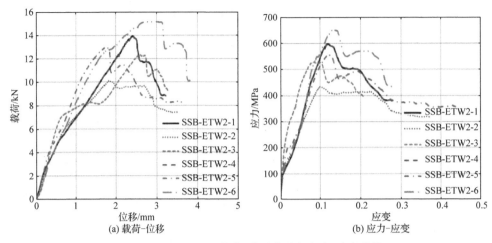

图 3-33 SSB-ETW2 载荷-位移曲线与应力-应变曲线

能数据，为后续结构设计及改进提供支持。

2. 试验方法

本试验在 UTM5105 型电子万能试验机上完成。高温干态试验配备 DGF301 环境箱。室温、高温干态钉连接强度试验步骤如下：

(1) 对试件进行编号，用精度为 0.02mm 的游标卡尺测量试件任意三处的宽度和厚度，取其平均值进行计算。

(2) 室温试验，将试件直接安装试验机夹头内，在试件中部位置安装测量变形的引伸计，开始试验前对载荷和位移计进行清零，以 2mm/min 的加载速率进行试验，直至试件破坏。记录试验数据。

(3) 高温干态试验按 ASTM D5229《聚合物基复合材料吸湿性能和浸润平衡的标准试验方法》，先对试件进行吸湿处理。

(4) 将满足试验条件的试验件放入环境箱内，在试件中部两侧位置安装测量变形的引伸计，调整环境箱的温度，当达到设定温度值，保温 1min 后，对控制系统进行清零，以 2mm/min 的加载速率开始进行试验，直至试件破坏。记录试验数据。

(5) 对典型试验件进行照相，记录试验破坏模式。

(6) 按照 ASTM D5961《聚合物基复合材料层压板挤压响应的试验方法》对所得数据进行计算。

(7) 连接方式为单钉单剪和双钉单剪的试验件均采用此试验方法。

3. 试验结果与分析

典型连接试验，包括单钉连接试验和单列双钉连接试验，共分六组 36 个试验件。试验件编号为 A1(A2)-D-RTD(D-ETW1) (S-RTD)，其中 A1(A2)表示铺层代号，

D 表示单钉连接，S 表示单列双钉连接，如 D-ETW1 表示"单钉 ETW1"，S-RTD
表示"双钉 RTD"。典型曲线如图 3-34～图 3-39 所示。

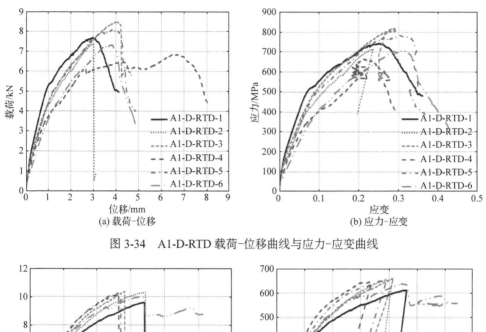

图 3-34　A1-D-RTD 载荷-位移曲线与应力-应变曲线

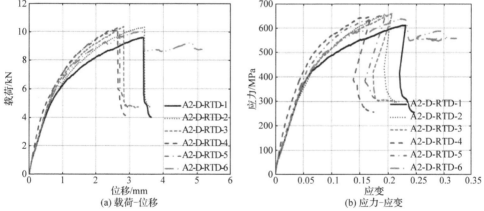

图 3-35　A2-D-RTD 载荷-位移曲线与应力-应变曲线

由典型连接试验结果可知，室温各组试验数据的极限载荷和极限挤压强度的
最大变异系数均小于 7.8%，表明室温典型连接试验可靠性和稳定性较高。单钉连
接的偏移挤压应变的变异系数均小于 13.19%，单列双钉的偏移挤压应变的变异系
数小于 15.45%，其偏移挤压应变的稳定性稍偏大。高温的极限挤压强度的最大变
异系数均小于 9.85%，偏移挤压强度的最大变异系数均小于 5.26%，单钉连接的
偏移挤压应变的变异系数均小于 11.56%，可以看出高温典型连接试验可靠性和稳
定性较高。

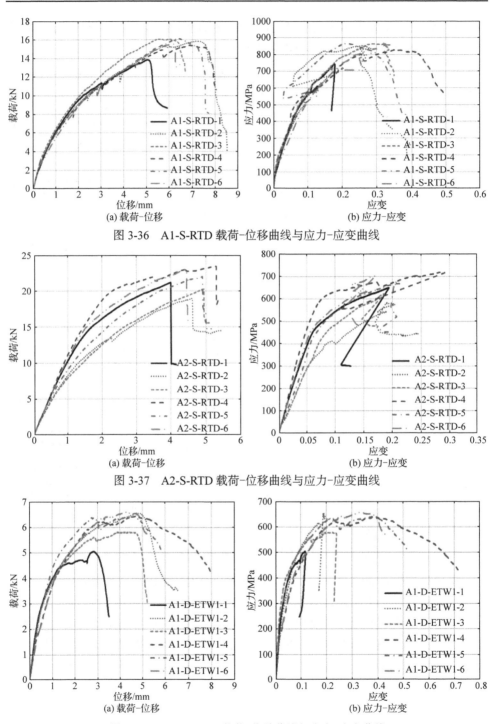

(a) 载荷-位移　　　　　　　　　　　　(b) 应力-应变

图 3-36　A1-S-RTD 载荷-位移曲线与应力-应变曲线

(a) 载荷-位移　　　　　　　　　　　　(b) 应力-应变

图 3-37　A2-S-RTD 载荷-位移曲线与应力-应变曲线

(a) 载荷-位移　　　　　　　　　　　　(b) 应力-应变

图 3-38　A1-D-ETW1 载荷-位移曲线与应力-应变曲线

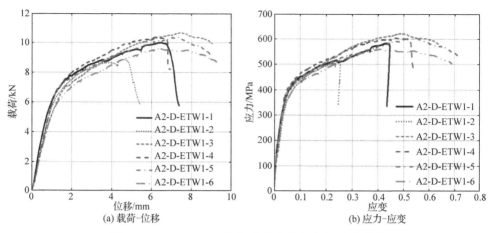

图 3-39　A2-D-ETW1 载荷-位移曲线与应力-应变曲线

对比各组测量数据可知，在室温和高温两种环境下的试验，无论是单钉连接还是单列双钉连接，A1 组的极限挤压强度、偏移挤压强度和偏移挤压应变均好于A2 组。对比室温的极限挤压强度、偏移挤压强度可知，A1 组和 A2 组单列双钉连接均比单钉连接的极限挤压强度、偏移挤压强度要大。高温下，极限挤压强度、偏移挤压强度都有所降低，表明各高温性能要差于室温性能。

3.3.6　V 形剪切性能试验

1. 试验目的

开展 V 形剪切性能试验,得到用于结构设计许用值及质量保证的 V 形剪切性能数据,为后续结构设计及改进提供支持。

2. 试验方法

本试验在 UTM5105 型电子万能试验机上完成。室温、低温、高温干态 V 形剪切性能试验步骤如下:

(1) 对试件进行编号,用精度为 0.02mm 的游标卡尺测量试件任意三处的宽度和厚度, 取其平均值进行计算。

(2) 在试件中部位置对试件进行表面打磨, 打磨时要注意打磨力度, 尽量使试件表面的损伤减少到最低程度。室温试验先清洁试件表面, 后粘贴 BE120-2BC电阻应变片；装夹试验件至夹具中并注意试件的对中性。连接应变线并检查应变仪各个通道是否平衡, 设定采集频率为 2Hz, 对控制系统进行清零, 以加载速率为 2mm/min 开始进行试验, 直至试件破坏。记录试验数据。

(3) 低温干态试验安装试件方法与室温试验相同。将安装好的组合夹具放入环境箱内进行降温处理, 待温度降至设定温度后, 保温 1min 即对控制系统进行清零，设定采集频率为 2Hz，以 2mm/min 的加载速率开始进行试验，直至试件破坏。记录试验数据。

(4) 剪切试验湿饱和处理按 ASTM D5229《聚合物基复合材料吸湿性能和浸润平衡的标准试验方法》执行，用精度为 0.001g 的电子天平对试件进行称重，测量其吸湿量，判断试件是否达到吸湿平衡。当达到吸湿平衡后，再放入环境箱内进行力学性能的测试。

(5) 高温干态试验安装试件方法与室温试验相同，高温干态试验件经过吸湿处理后再粘贴 FBAB120-3AA 电阻应变片。安装好的夹具放入环境箱内并将环境湿度、温度升至设定值，保温 1min 后按照室温剪切试验的方法进行试验。高温干态试验只测强度值。

(6) 对典型试件进行照相，记录试验破坏模式。

(7) 按照 ASTM D7078《由 V 形轨道剪切方法测定复合材料剪切性能标准试验方法》对所得数据进行计算。

按下列公式计算极限剪切强度：

$$F^{u} = P^{u}/A \tag{3-7}$$

式中，F^{u}——极限剪切强度，MPa；

$\quad\quad P^{u}$——极限载荷与剪应变等于 5%处载荷的较低值，N；

$\quad\quad A$——截面积，mm^2。

按下列公式计算最大剪应变：

$$\gamma_{a} = |\varepsilon_{+45}| + |\varepsilon_{-45}| \tag{3-8}$$

式中，γ_{a}——最大剪应变，$\mu\varepsilon$；

$\quad\quad \varepsilon_{+45}$——第 i 个数据点+45°正应变，$\mu\varepsilon$；

$\quad\quad \varepsilon_{-45}$——第 i 个数据点–45°正应变，$\mu\varepsilon$。

3. 试验结果与分析

V 形剪切试验根据环境和铺层不同共分五组 30 个试验件。

试验件编号为 NHS-A1(A2)-RTD(ETW1, ETW2, CTD)，其中 NHS 表示面内剪切试验，A1(A2)表示铺层代号，RTD、ETW1、ETW2、CTD 表示试验温度环境。典型曲线如图 3-40～图 3-44 所示。

由面内剪切试验结果可知，A1 组材料的抗剪性能随着温度的升高逐渐下降。在低温下剪应力最大为 307MPa，高温的剪应力最小，极限剪应力为 207MPa。

对比 A1 组和 A2 组发现，A1 组的剪应力比 A2 组略大，说明 A1 组的抗剪性能相对更好。

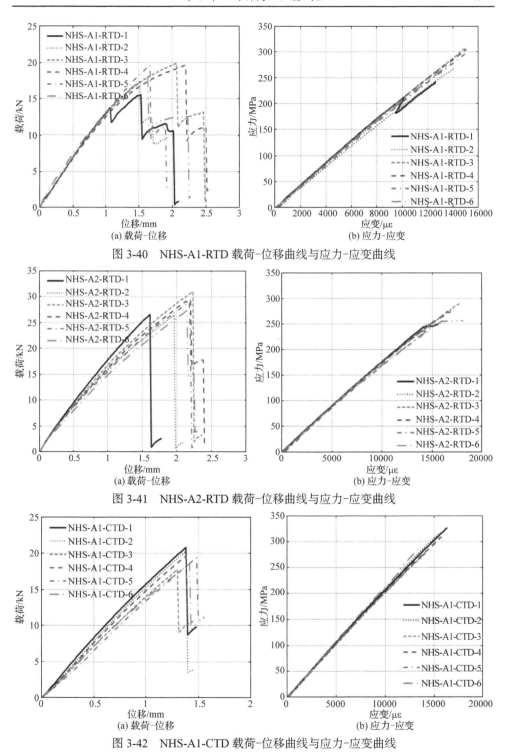

图 3-40　NHS-A1-RTD 载荷-位移曲线与应力-应变曲线

图 3-41　NHS-A2-RTD 载荷-位移曲线与应力-应变曲线

图 3-42　NHS-A1-CTD 载荷-位移曲线与应力-应变曲线

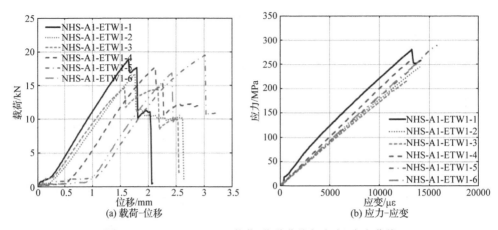

(a) 载荷-位移

(b) 应力-应变

图 3-43　NHS-A1-ETW1 载荷-位移曲线与应力-应变曲线

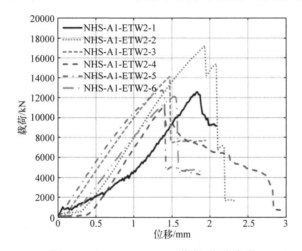

图 3-44　NHS-A1-ETW2 载荷-位移曲线

3.3.7　含冲击损伤压缩强度试验

1. 试验目的

开展含冲击损伤压缩强度试验，得到用于结构设计许用值及质量保证的含冲击损伤压缩强度数据，为后续结构设计及改进提供支持。

2. 试验方法

试验在液晶全自动落锤冲击试验机上完成冲击损伤，在 CSS-44200 型电子万能试验机上进行冲击后压缩试验。含冲击损伤压缩强度试验步骤如下：

(1) 对试件进行编号。用精度为 0.02mm 的游标卡尺测量试件任意三处的宽度和厚度，取其平均值进行计算。

(2) 试验时调整冲击试验机的相对位置安装试件。采用标准 5.5kg 冲击质量，按冲击后的坑深以 1.0～1.3mm 为标准，完成冲击试验。冲击试验时调整好保护装置防止发生二次冲击。

(3) 利用测量精度为 0.01mm 的凹坑深度测量装置测量冲击后凹坑深度。

(4) 在冲击后的试验件 25mm×25mm 处各粘贴四个电阻应变片，如图 3-45 所示。贴片前按操作程序先打磨，打磨时要注意打磨力度，尽量使试件表面的损伤减少到最低程度。清洁试件打磨表面后粘贴 BE120-4AA 电阻应变片。

(5) 将试验件安装到压缩夹具上，调整试验机的相对位置，安装过程中注意试件的对中性。连接应变测量导线，做好屏蔽防止短路。设定采集频率为 2Hz，对控制系统进行清零，以 1.25mm/min 的加载速率开始进行试验，直至试件破坏。

(6) 对典型试验件进行照相，记录试验破坏模式。

(7) 记录试验数据。按照 ASTM D7137《含损伤聚合物基复合材料板压缩剩余强度性能的标准试验方法》对数据进行计算。

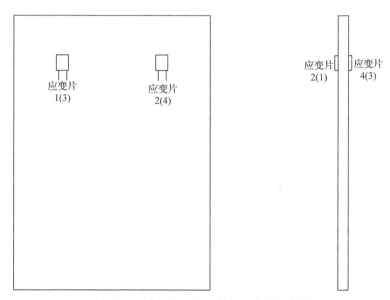

图 3-45　冲击后压缩试验件粘贴应变片位置

按下列公式计算极限压缩剩余强度：

$$F^{CAI} = P_{max} / A \tag{3-9}$$

式中，F^{CAI}——极限压缩剩余强度，MPa；

$\quad\quad P_{max}$——试件破坏时的最大载荷，N；

$\quad\quad A$——截面积，mm^2。

3. 试验结果与分析

试验件编号为 HTC-1～8，其中 HTC 表示冲击后压缩试验。典型曲线如图 3-46 所示。

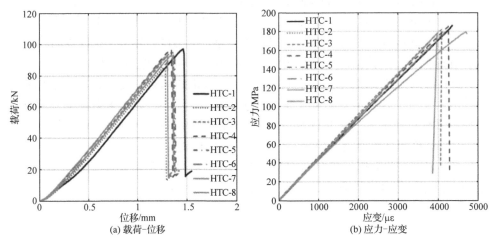

(a) 载荷-位移　　　　　　　　(b) 应力-应变

图 3-46　HTC 载荷-位移曲线与应力-应变曲线

由冲击后压缩试验结果可知，试验数据的极限载荷和压缩强度的最大变异系数均小于 4.16%，表明试验可靠性和稳定性较高。

冲击后压缩的最大应变测量值为 $4180\mu\varepsilon$。

3.3.8　小结

本节通过开展开孔拉伸强度试验、充填孔压缩性能试验、钉孔挤压性能试验等材料性能试验，得到了相关结构的设计许用值和结构力学性能等参数，为后续相关的结构设计及改进提供支持。

3.4　复合材料蜂窝夹层板不同环境条件下力学性能试验

3.4.1　引言

复合材料蜂窝夹层板是一种由上下两层高强度材料和中间的蜂窝芯材组成的板状结构，具有强度/刚度高、隔热性能好、抗疲劳性能强、可设计性强、较好的耐热性能和高温稳定性等特点，被广泛应用于飞行器机身、机翼、尾翼等结构件的设计中。随着技术的不断进步和应用需求的不断提高，其性能和应用范围也将不断拓展，对复合材料蜂窝夹层板力学性能的研究尤为重要。

本小节介绍开孔蜂窝芯材及开孔蜂窝夹层制件不同环境条件下基本力学性能试验,通过对开孔蜂窝芯材及蜂窝夹层制件耐环境温度测试,初步获取开孔蜂窝芯夹层制件高低温环境下力学性能数据,为机体开孔蜂窝芯材选材和蜂窝夹层制件设计提供依据。试验参考 ASTM 标准进行,具体如下:

(1) ASTM C297《夹层结构平面拉伸强度试验方法》;

(2) ASTM C365《夹层芯子平压性能试验方法》;

(3) ASTM C393《用梁弯曲测定夹层结构芯子剪切性能的试验方法》;

(4) ASTM C364《夹层结构侧压强度试验方法》。

3.4.2 平面拉伸强度试验

1. 试验目的

开展开孔蜂窝芯材及开孔蜂窝夹层制件在不同环境条件下平面拉伸强度试验,通过对开孔蜂窝芯材及蜂窝夹层制件耐环境温度测试,获取高低温环境下试验件的平面拉伸性能数据,为机体开孔蜂窝芯材选材和蜂窝夹层制件设计提供依据。

2. 试验方法

平面拉伸强度试验所采用的夹具如图 3-47 所示。

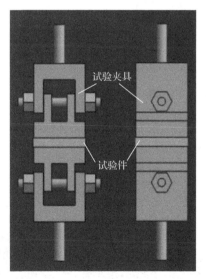

图 3-47 平面拉伸强度试验夹具

试验在 UTM5105 型电子万能试验机上完成,平面拉伸强度试验步骤如下:

(1) 利用精度为 0.01mm 的游标卡尺测量试件任意三处的宽度和厚度,取其平均值进行计算。

(2) 将试验件安装在组合夹具上，再将安装好的试验夹具夹持在试验机夹头上；安装时要注意组合夹具的对中性。对试验控制系统进行清零，以 0.5mm/min 的速率进行加载直至试验件破坏。

(3) 高、低温试验在环境箱内按室温方法装夹试验件，待温度达到所需温度值并保温 15min 后，按室温方法进行试验。

(4) 记录试验数据和试验件破坏模式。

(5) 按 ASTM C297《夹层结构平面拉伸强度试验方法》对数据进行处理。

按下列公式计算平拉极限强度：

$$F_z^{\text{ftu}} = P_{\max} / A \tag{3-10}$$

式中，F_z^{ftu}——平拉极限强度，MPa；

　　　$P_{\max}$——破坏时的最大载荷，N；

　　　A——试验件横截面积，mm^2。

按下列公式计算平面拉伸模量：

$$E_{33}^{\text{T}} = \frac{\Delta P (H - 2t)}{A \Delta h} \tag{3-11}$$

式中，E_{33}^{T}——平面拉伸模量，MPa；

　　　H——试验件的厚度，mm；

　　　ΔP——所选载荷的增量值，N；

　　　t——试验件面板的厚度，mm；

　　　Δh——对应于载荷 ΔP 的试验件变形量，mm。

3. 试验结果与分析

平面拉伸强度试验的破坏模式均为蜂窝芯体拉伸破坏，如图 3-48 所示。不同规格蜂窝芯体在不同环境下的典型平面拉伸应力-变形曲线如图 3-49 所示。

图 3-48　平面拉伸试验件典型破坏模式

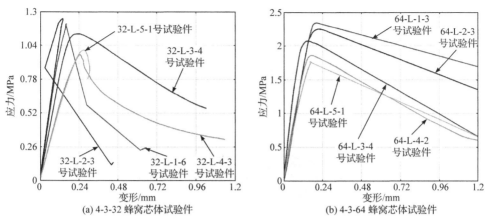

(a) 4-3-32 蜂窝芯体试验件   (b) 4-3-64 蜂窝芯体试验件

图 3-49   不同环境下的典型平面拉伸应力-变形曲线

通过平面拉伸强度试验，获得载荷和蜂窝芯体变形数据，计算得到蜂窝芯体的极限平面拉伸强度和平面拉伸模量。通过试验发现，平面拉伸载荷和强度结果一致性较好，但是平面拉伸模量分散性较大。低温对蜂窝芯体的平面拉伸强度有增强作用，高温导致蜂窝芯体的平面拉伸强度降低。

3.4.3 平面压缩强度试验

1. 试验目的

开展开孔蜂窝芯材及开孔蜂窝夹层制件在不同环境条件下平面压缩强度试验，通过对开孔蜂窝芯材及蜂窝夹层制件耐环境温度测试，获取高低温环境下试验件的平面压缩性能数据，为机体开孔蜂窝芯材选材和蜂窝夹层制件设计提供依据。

2. 试验方法

平面压缩强度试验所采用的夹具如图 3-50 所示。

本试验在 INSTRON 5567 型电子万能试验机上完成，试验步骤如下：

(1) 用精度为 0.01mm 的游标卡尺测量试件任意三处的宽度和厚度，取其平均值进行计算。

(2) 调整试验件在压板上的位置，保证试验件的对中性，对试验控制系统进行清零，以 0.5mm/min 的速率进行加载直至试验件破坏。

(3) 高、低温试验在环境箱内按室温方法装夹试验件，待温度达到所需温度值并保温 15min 后，按室温方法进行试验。

(4) 记录试验数据和试验件破坏模式。

(5) 按 ASTM C365《夹层芯子平压性能试验方法》对数据进行处理。

图 3-50　平面压缩强度试验夹具

按下列公式计算平压极限强度：

$$F_z^{fcu} = P_{max} / A \tag{3-12}$$

式中，F_z^{fcu}——平压极限强度，MPa；

　　　P_{max}——破坏时的最大载荷，N；

　　　A——试验件横截面积，mm^2。

按下列公式计算平面压缩模量：

$$E_{33}^C = \frac{\Delta P(H - 2t)}{A\Delta h} \tag{3-13}$$

式中，E_{33}^C——平面压缩模量，MPa；

　　　H——试验件的厚度，mm；

　　　ΔP——所选载荷的增量值，N；

　　　t——试验件面板的厚度，mm；

　　　Δh——对应于载荷 ΔP 的试验件变形量，mm。

3. 试验结果与分析

平面压缩强度试验的破坏模式均为蜂窝芯体压缩失稳塌陷破坏，如图 3-51 所示。不同规格蜂窝芯体在不同环境下的典型平面压缩应力-变形曲线如图 3-52 所示。

图 3-51　平面压缩试验件典型破坏模式

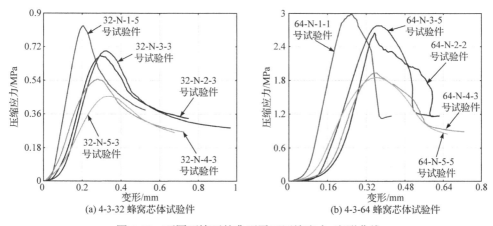

(a) 4-3-32 蜂窝芯体试验件　　　　　　(b) 4-3-64 蜂窝芯体试验件

图 3-52　不同环境下的典型平面压缩应力–变形曲线

通过平面压缩强度试验，获得载荷和蜂窝芯体变形数据，计算得到蜂窝芯体的极限平面压缩强度和平面压缩模量。通过试验发现，平面压缩载荷、强度和模量分散性均较大。一定的低温对蜂窝芯体的平面压缩强度有增强作用，高温导致蜂窝芯体的平面压缩强度降低。

3.4.4　三点弯曲强度试验

1. 试验目的

开展开孔蜂窝芯材及开孔蜂窝夹层制件在不同环境条件下三点弯曲强度试验，通过对开孔蜂窝芯材及蜂窝夹层制件耐环境温度测试，获取高低温环境下试验件的三点弯曲性能数据，为机体开孔蜂窝芯材选材和蜂窝夹层制件设计提供依据。

2. 试验方法

三点弯曲强度试验所采用的夹具如图 3-53 所示。

图 3-53　三点弯曲强度试验夹具

本试验在 UTM5105HB 型电子万能试验机上完成，具体试验步骤如下：

(1) 利用精度为 0.01mm 的游标卡尺测量试件跨距内任意三处的宽度和厚度，取其平均值进行计算。

(2) 室温试验时支持跨距为 150mm，通过固定于试验机上的加载棒垂直施加载荷。对控制系统进行清零，以 6mm/min 的速率进行加载直至试验件破坏。

(3) 高、低温试验在环境箱内按室温方法装夹试验件，待温度达到所需温度值并保温 15min 后，按室温方法进行试验。

(4) 记录试验数据和试验件破坏模式。

(5) 按 ASTM C393《用梁弯曲测定夹层结构芯子剪切性能的试验方法》对数据进行处理。

按下列公式计算蜂窝芯体极限剪切强度：

$$F_s^{ult} = \frac{P_{max}}{(d+c)b} \tag{3-14}$$

式中，F_s^{ult} ——芯体的极限剪切强度，MPa；

　　　P_{max} ——破坏时的最大载荷，N；

　　　d ——试验件厚度，mm；

　　　c ——芯体厚度，mm；

　　　b ——试验件宽度，mm。

按下列公式计算面板应力：

$$\sigma_f = \frac{P_{max}S}{2t(d+c)b} \tag{3-15}$$

式中，σ_f ——面板应力，MPa；

　　　S ——试验跨距，mm；

　　　t ——试验件面板的厚度，mm。

按下列公式计算蜂窝芯体剪切模量：

$$G = \frac{U(d-2t)}{(d-t)^2 b} \tag{3-16}$$

式中，G ——蜂窝芯体剪切模量，MPa；

　　　U ——蜂窝芯体横向剪切刚度，按下列公式计算：

$$U = \frac{PS}{4\left(\Delta - \dfrac{PS^3}{48D}\right)} \tag{3-17}$$

式中，P ——施加的载荷，N；

　　Δ——跨中变形，mm；

　　D——蜂窝夹层结构弯曲刚度，按下列公式计算：

$$D = \frac{E(d^3 - c^3)b}{12} \tag{3-18}$$

式中，E——蜂窝夹层结构面板的弹性模量，MPa。

　　3. 试验结果与分析

　　三点弯曲强度试验的破坏模式为试验件跨中两侧或左侧或右侧蜂窝芯体剪切破坏，如图 3-54 所示。不同规格蜂窝芯体在不同环境下的典型三点弯曲载荷-跨中变形曲线如图 3-55 所示。

(a) 跨中两侧的蜂窝芯体剪切破坏

(b) 跨中左侧的蜂窝芯体剪切破坏

(c) 跨中右侧的蜂窝芯体剪切破坏

图 3-54　三点弯曲试验件典型破坏模式

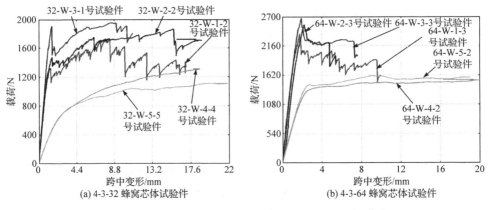

(a) 4-3-32 蜂窝芯体试验件   (b) 4-3-64 蜂窝芯体试验件

图 3-55   不同环境下的典型三点弯曲载荷-跨中变形曲线

通过三点弯曲强度试验，获得载荷和试验件跨中变形数据，计算得到蜂窝芯体的极限剪切强度和模量，以及面板的应力。通过试验发现，低温和高温均导致蜂窝芯体在三点弯曲试验中的芯体剪切强度降低。

3.4.5 侧面压缩强度试验

1. 试验目的

开展开孔蜂窝芯材及开孔蜂窝夹层制件在不同环境条件下侧面压缩强度试验，通过对开孔蜂窝芯材及蜂窝夹层制件耐环境温度测试，获取高低温环境下试验件的侧面压缩性能数据，为机体开孔蜂窝芯材选材和蜂窝夹层制件设计提供依据。

2. 试验方法

侧面压缩强度试验所采用的夹具如图 3-56 所示。

图 3-56   侧面压缩强度试验夹具

本试验在 UTM5105HB 型电子万能试验机上完成，具体试验步骤如下：

(1) 利用精度为 0.01mm 的游标卡尺测量试件任意三处的宽度和厚度，取其平均值进行计算。

(2) 在试件两侧中心位置进行表面打磨，打磨时要注意打磨力度，尽量使试件表面的损伤减少到最低程度。清洁试件表面后室温试验件粘贴 BE120-4AA 电阻应变片，高、低温试验件粘贴 BAB120-4AA 电阻应变片。

(3) 高温试验应变片固化时，需放入环境箱内再分两次固化：高温 1 固化 2h、高温 2 固化 2h。

(4) 将试验件安装在组合夹具上，放置在试验机平台上；安装时要注意组合夹具的对中性。对试验控制系统进行清零，试验机及应变采集频率均为 2Hz，以 0.5mm/min 的速率进行加载直至试验件破坏。记录试验数据。

(5) 高、低温试验在环境箱内按室温方法装夹试验件，待温度达到所需温度值并保温 15min 后，按室温方法进行试验。

(6) 按 ASTM C364《夹层结构侧压强度试验方法》对所得数据进行计算。

按下列公式计算极限侧压强度：

$$\sigma_s = P_{max} / \left[w(2t_{fs}) \right] \tag{3-19}$$

式中，σ_s——极限侧压强度，MPa；

$\quad$ P_{max}——破坏时的最大载荷，N；

$\quad$ w——试件宽度，mm；

$\quad$ t_{fs}——单个面板的厚度，mm。

3. 试验结果与分析

4-3-32 蜂窝芯体试验件侧面压缩强度试验典型破坏模式如图 3-57 所示。其中，在低温 2 环境下，试验件的破坏模式均为试验件整体发生屈曲，蜂窝芯体剪切破坏，芯体与面板脱黏；在低温 1 环境下，试验件的破坏模式均为试验件整体发生屈曲，蜂窝芯体剪切破坏，芯体与面板脱黏，面板发生分层或者断裂；在高温 1 和高温 2 环境下，试验件的破坏模式均为试验件整体发生屈曲，蜂窝芯体剪切破坏。4-3-64 蜂窝芯体试验件侧面压缩强度试验典型破坏模式如图 3-58 所示。其中，在低温 2、低温 1 环境下，试验件的破坏模式均为试验件整体发生屈曲，蜂窝芯体剪切破坏，芯体与面板脱黏，面板发生分层或者断裂；在高温 1 和高温 2 环境下，试验件的破坏模式均为试验件整体发生屈曲，蜂窝芯体剪切破坏，芯体与面板脱黏。不同规格蜂窝芯体在不同环境下的典型侧面压缩应力-应变曲线如图 3-59 所示。

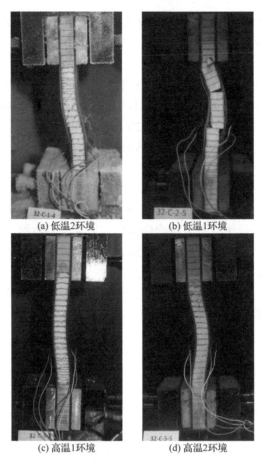

(a) 低温2环境　　　　　(b) 低温1环境

(c) 高温1环境　　　　　(d) 高温2环境

图 3-57　4-3-32 蜂窝芯体试验件侧面压缩强度试验典型破坏模式

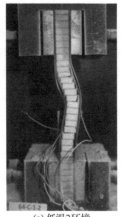 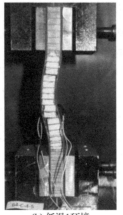

(a) 低温2环境　　　　　(b) 低温1环境

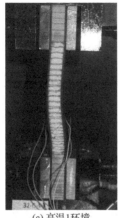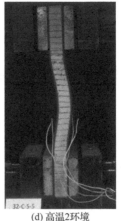

(c) 高温1环境　　　　　　　　(d) 高温2环境

图 3-58　4-3-64 蜂窝芯体试验件侧面压缩强度试验典型破坏模式

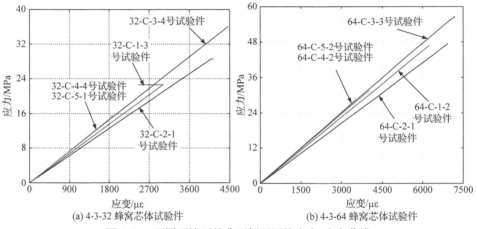

(a) 4-3-32 蜂窝芯体试验件　　　　　　　(b) 4-3-64 蜂窝芯体试验件

图 3-59　不同环境下的典型侧面压缩应力-应变曲线

　　通过侧面压缩强度试验，获得载荷和应变数据，计算得到压缩强度。通过侧面压缩强度试验发现，低温和高温均导致复合材料蜂窝夹层板的侧面压缩强度降低。

3.4.6　小结

　　本节开展了蜂窝夹层板的平面拉伸强度试验、平面压缩强度试验、三点弯曲强度试验及侧面压缩强度试验，探究复合材料蜂窝夹层板不同环境条件下的力学性能。通过试验发现，在平面拉伸和压缩的过程中，低温可以增强蜂窝夹层板的强度，高温则会降低蜂窝夹层板的强度；在三点弯曲和侧面压缩的过程中，高低温均会降低蜂窝夹层板的强度。试验结论可为后续蜂窝夹层板芯材选材和蜂窝夹层制件设计提供依据。

第4章 连接高温性能试验

4.1 概　述

空天飞行器隔热毡及隔热瓦等热防护系统主要通过胶接和铆接(机械连接)形式与飞行器机体进行连接。胶黏剂是一种具有良好黏合性能的物质,借助黏附力和内聚力通过表面黏合来连接物体。由于其可以实现同种或异种材料的连接、接头部位无应力集中以及具有黏结强度高、易于实现化合自动化操作等优点,广泛应用于多个领域。铆钉连接利用轴向力使多个零件相连接,具有连接强度高、紧密性好、不易松动、对连接环境要求低等优点,在航空航天工程中得到广泛运用。

在各种连接形式当中,连接强度是评估材料或部件连接性能的重要参数,而空天飞行器在工作时往往伴随着严酷的温度环境,机械性能、热膨胀、化学稳定性等连接材料的物理和化学性质会受到高温的影响,因此需要进行连接高温性能试验来对其强度进行评估。连接高温性能试验通常包括温度循环、载荷施加和数据收集三大环节。

4.2　采用胶黏剂的内部隔热毡胶接性能试验

4.2.1　引言

胶黏剂一般包括天然高分子化合物、合成高分子化合物和无机化合物等。相比铆接方式,胶黏剂具有可以保持在黏结位置应力均匀分布,不削弱结构,不会因为焊接产生变形翘曲、硬度降低等优点。隔热毡是一种具有保温隔热功能的柔性毯状材料,一般由有机或无机金属或非金属为主要配方原料,辅以特定的化学材料配方和工艺制成。在航空航天领域,通常使用石墨纤维隔热毡和气凝胶复合隔热毡等。

在空天飞行器飞行过程中,由于气动加热的存在,在外表面的气体温度会急剧升高,需要隔热装置来保证内部环境的稳定。为了进一步推进隔热毡在空天飞行器研制中的应用,开展隔热毡的各种性能测试试验,为隔热毡的应用提供技术支撑。

试验参考 ASTM C297《夹层结构平面拉伸强度试验方法》和 GJB 446—88《胶

粘剂 90°剥离强度试验方法(金属与金属)》进行。试验环境主要包括室温环境、高温环境、冷热循环环境及真空环境,具体环境参数依相关试验要求确定。

本试验所采用的设备详情如表 4-1 所示。

表 4-1　试验设备详情

序号	试验设备名称	型号	用途	量程	精度
1	电子万能试验机	5105 型	高温拉伸试验	0~10kN	0.5 级 (准确度)
2	高低温环境箱	TG501 型	高温拉伸试验	20~300℃	±2℃
3	液氮环境箱	WGDN-19500F 型	冷热循环试验	-190~500℃	±2℃
4	真空环境试验装置	HLS-CGZK-1080	真空环境试验	真空度<1×10⁻⁵Pa	—
5	游标卡尺	哈量 0~200mm	尺寸测量	0~200mm	0.02mm
6	电子天平	JT10003A	质量测量	0~1000g	0.001g

在正式试验前,应确保试验设备在有效校准期内,试验机的加力系统具有良好的同轴度,使试样受力对称分布,准确度为 0.5 级;其他仪器和设备满足相应精度要求。

4.2.2　真空冷热循环预处理试验

1. 试验目的

开展真空冷热循环预处理试验,研究冷热循环+真空预处理环境下试验件的质量变化,为后续的拉伸试验提供技术支撑。

2. 试验方法

对试验件进行冷热循环+真空预处理试验。冷热循环+真空预处理试验是指先经历 120 次冷热循环后,再进行不高于 $1.3×10^{-5}$Pa 的真空环境试验。

真空冷热循环预处理试验在 WGDN-19500F 液氮环境箱中完成。预处理前对试验件进行编号、拍照、称重并记录;测量试验件三个典型位置的长度和宽度,计算平均值并记录。通过环境箱控制面板设置冷热循环预处理试验曲线,使试验件自动从室温升到高温,再降到低温,再升到室温,如图 4-1 所示。其中,温度到达高温和低温时分别保温 1min,高低温之间温度的平均变化率为 7.4℃/min。真空冷热循环预处理试验共进行 120 次上述循环。试验结束后进行拍照、尺寸测量、称重,并做记录。

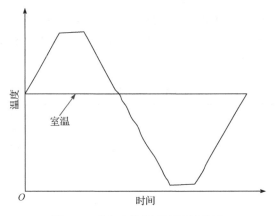

图 4-1　真空冷热循环温控示意图

真空预处理在 KM-VRC-S 型真空环境试验装置中完成。预处理前对试验件进行编号、拍照、称重并记录；测量试验件三个典型位置的长度和宽度，计算平均值，并记录。通过真空环境试验装置控制面板设置试验环境和时间，完成真空预处理试验。试验过程中，真空容器的试验压力不大于 $1.3×10^{-5}Pa$。试验后对试验件进行拍照、尺寸测量、称重并记录。

3. 试验结果与分析

在进行 120 次冷热循环预处理试验和真空预处理试验前后对毡组件拉伸试验的试验件进行尺寸测量和称重，结果显示，120 次冷热循环试验后，试验件质量最多降低 0.36%，真空预处理试验后，试验件质量最多降低 0.26%。可见，冷热循环预处理试验和真空预处理试验对毡组件拉伸试验件的质量几乎没有影响。

在进行 120 次冷热循环预处理试验和真空预处理试验前后对毡组件 90°剥离试验的试验件进行尺寸测量和称重，结果显示，120 次冷热循环试验后，试验件质量最多降低 0.09%，真空预处理试验后，试验件质量最多降低 0.04%。可见，冷热循环预处理试验和真空预处理试验对毡组件 90°剥离试验件的质量几乎没有影响。

4.2.3　毡组件拉伸试验

1. 试验目的

开展毡组件拉伸试验，研究毡组件破坏的机理以及拉伸后毡组件的强度降低比例，为后续毡组件强度提升提供技术支撑。

2. 试验方法

毡组件拉伸试验试验件分别进行室温拉伸试验以及高温拉伸试验。室温试验在 Instron-5567 型电子万能试验机上完成，高温试验在配备 TG501 高低温环境箱的 UTM5105 型电子万能试验机上完成，试验步骤如下：

(1) 对试验件进行编号、拍照并记录。

(2) 测量试验件三个典型位置的长度和宽度，计算平均值，并记录。

(3) 清理试验件上下表面，将试验件上下表面与加载块进行黏结，并在高温环境下固化 4h。

(4) 将黏结加载块的试验件装配在拉伸组合夹具上，将组合夹具安装到试验机上，安装时注意对中性。

(5) 对于室温试验，对试验机进行载荷清零后以 0.5mm/min 的加载速率进行试验，直至试验件破坏，记录试验数据。

(6) 对于高温试验，完成(1)～(4)的步骤后，对高低温环境箱进行加热，待高低温环境箱温度达到设定温度后，保温 1min。高低温环境箱加热和保温过程中不断调整试验机横梁，确保试验机载荷接近清零状态。保温结束后，对试验机进行载荷清零并以 0.5mm/min 的加载速率进行试验，直至试验件破坏，记录试验数据。

(7) 试验结束后，对破坏的试验件进行照相，记录试验破坏模式。

(8) 参照 ASTM C297《夹层结构平面拉伸强度试验方法》对所得室温和高温拉伸试验数据进行处理。

按下列公式计算拉伸强度：

$$\sigma = \frac{F}{A} \tag{4-1}$$

式中，σ——拉伸强度，MPa；

　　　F——破坏载荷，N；

　　　A——试验件横截面积，mm^2。

3. 试验结果与分析

毡组件拉伸试验的试验件破坏模式均为面板与隔热毡之间的胶层破坏，如图 4-2 所示。

胶黏剂 A 黏结的毡组件无预处理的常温拉伸试验、预处理后的常温拉伸试验和预处理后高温拉伸试验的载荷-位移曲线如图 4-3 所示。

胶黏剂 B 黏结的毡组件无预处理的常温拉伸试验、预处理后的常温拉伸试验和预处理后高温拉伸试验的载荷-位移曲线如图 4-4 所示。

不同胶黏结的毡组件在不同条件下的拉伸性能比较如表 4-2 所示。

(a) 胶黏剂A黏结的试验件　　　　(b) 胶黏剂B黏结的试验件

图 4-2　毡组件拉伸试验件典型破坏模式

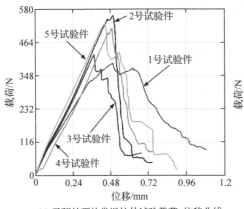 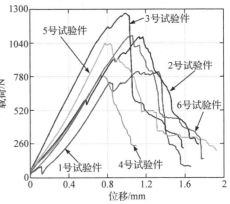

(a) 无预处理的常温拉伸试验载荷-位移曲线　　　　(b) 预处理后常温拉伸试验载荷-位移曲线

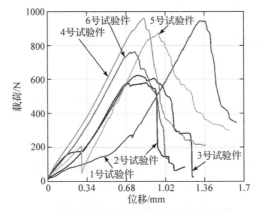

(c) 预处理后高温拉伸试验载荷-位移曲线

图 4-3　胶黏剂 A 黏结的毡组件试验载荷-位移曲线

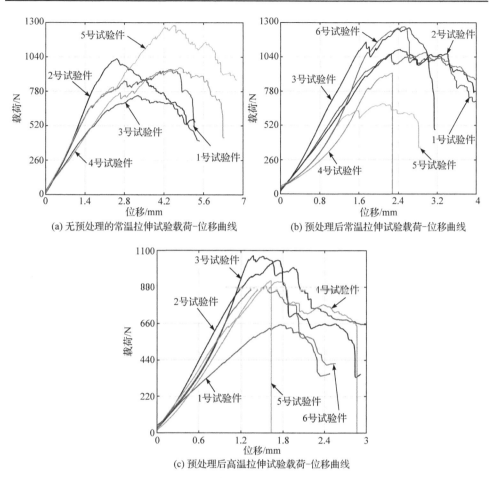

(a) 无预处理的常温拉伸试验载荷-位移曲线

(b) 预处理后常温拉伸试验载荷-位移曲线

(c) 预处理后高温拉伸试验载荷-位移曲线

图 4-4　胶黏剂 B 黏结的毡组件试验载荷-位移曲线

表 4-2　不同胶黏结的毡组件在不同条件下的拉伸试验结果对比

胶类型	试验条件	极限载荷/N	拉伸强度/MPa	强度变化率/%
胶黏剂 A	无预处理的常温拉伸	481.99	0.13	—
	预处理后的常温拉伸	1016.16	0.28	115.38
	预处理后的高温拉伸	791.55	0.22	69.23
胶黏剂 B	无预处理的常温拉伸	993.04	0.27	—
	预处理后的常温拉伸	1048.94	0.29	7.41
	预处理后的高温拉伸	912.22	0.25	−7.41

注：强度变化率 $=\dfrac{\text{预处理后的拉伸强度} - \text{无预处理的常温拉伸强度}}{\text{无预处理的常温拉伸强度}}\times100\%$，正值表示性能提高，负值表示性能降低。

4.2.4　毡组件 90°剥离试验

1. 试验目的

开展不同毡组件在常温和高温下的 90°剥离试验,研究使用不同胶黏剂时毡组件在高温和低温下剥离的强度降低比例,为毡组件在不同场景下的使用提供技术支撑。

2. 试验方法

毡组件分别进行室温 90°剥离试验以及高温 90°剥离试验。室温试验在 UTM5105 型电子万能试验机上完成,高温试验在配备 TG501 高低温环境箱的 UTM5105 型电子万能试验机上完成,采用 200N 传感器对载荷进行监控和采集,试验步骤如下:

(1) 对试验件进行编号、拍照并记录。

(2) 测量试验件三个典型位置的长度和宽度,计算平均值并记录。

(3) 试样应在室温条件下放置 2h 后进行测试。

(4) 检查剥离试验夹具,确保两滚轮运转自如。

(5) 将试样挠性片未胶接端从剥离夹具两滚轮间穿过,并在夹具钳口中夹紧,试样两侧不得与夹具框架相碰。

(6) 对于室温试验,对试验机进行载荷清零后以 100mm/min 的加载速率进行试验,直至试验件破坏,记录试验数据。试验时,连续加载,自动记录剥离试验曲线。

(7) 对于高温试验,完成(1)~(5)的步骤后,对高低温环境箱进行加热,待高低温环境箱温度达到设定温度,保温 1min。高低温环境箱加热和保温过程中不断调整试验机横梁,确保试验机载荷接近清零状态。保温结束后,对试验机进行载荷清零并以 100mm/min 的加载速率进行试验,直至试验件破坏,记录试验数据。试验时,连续加载,自动记录剥离试验曲线。

(8) 试验结束后,对破坏的试验件进行照相,记录试验破坏模式。

(9) 参照 GJB 446—88《胶粘剂 90°剥离强度试验方法(金属与金属)》对所得室温和高温 90°剥离试验数据进行处理。

绘制 90°剥离试验载荷-位移曲线,如图 4-5 所示。EF 线段的长度不小于 50mm,与 EF 相应试样的有效剥离长度不小于 100mm。

求 EF 线段内所有载荷点的平均值,作为剥离载荷。

按下列公式计算 90°剥离强度(计算值取三位有效数字):

$$\sigma_{90°B} = \left(\sum_{i=1}^{Z} P_i\right) \Big/ (ZD) = P/D \quad (i=1,2,\cdots,Z) \tag{4-2}$$

式中，　$\sigma_{90°B}$——90°剥离强度，N/cm；

　　　　P_i——EF 线段内读取的载荷值，N；

　　　　Z——EF 线段内的载荷值个数；

　　　　P——试验件剥离载荷平均值，N；

　　　　D——试验件宽度，cm。

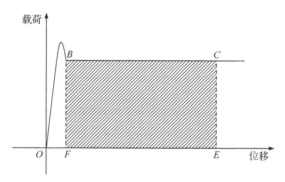

图 4-5　90°剥离试验载荷-位移曲线示意图

3. 试验结果与分析

毡组件 90°剥离试验的试验件破坏模式均为胶层剥离破坏。

胶黏剂 A 黏结的毡组件无预处理的常温 90°剥离试验、预处理后的常温 90°剥离试验和预处理后高温 90°剥离试验的载荷-位移曲线如图 4-6 所示。

胶黏剂 B 黏结的毡组件无预处理的常温 90°剥离试验、预处理后的常温 90°剥离试验和预处理后高温 90°剥离试验的载荷-位移曲线如图 4-7 所示。

不同胶黏结的毡组件在不同条件下的 90°剥离性能比较如表 4-3 所示。

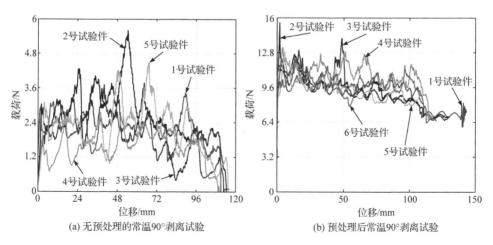

(a) 无预处理的常温90°剥离试验　　　　　(b) 预处理后常温90°剥离试验

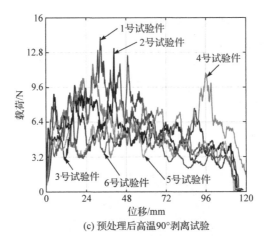

(c) 预处理后高温90°剥离试验

图 4-6　胶黏剂 A 黏结的毡组件试验载荷-位移曲线

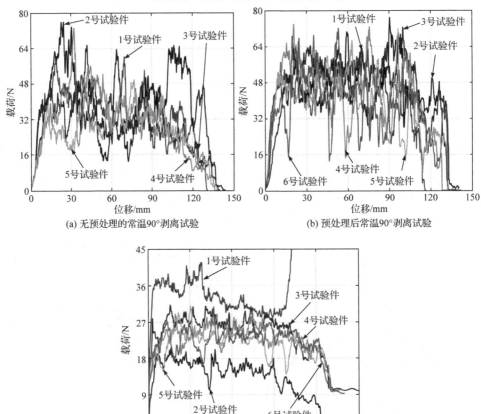

(a) 无预处理的常温90°剥离试验　　　　　　(b) 预处理后常温90°剥离试验

(c) 预处理后高温90°剥离试验

图 4-7　胶黏剂 B 黏结的毡组件试验载荷-位移曲线

表 4-3　不同胶黏结的毡组件在不同条件下 90°剥离试验结果对比

胶类型	试验条件	剥离载荷最大值/N	剥离载荷平均值/N	剥离强度/(N/mm)	强度变化率/%
胶黏剂 A	无预处理的常温 90°剥离	4.02	2.02	0.10	—
	预处理后的常温 90°剥离	10.68	5.77	0.28	180.00
	预处理后的高温 90°剥离	13.32	9.86	0.48	380.00
胶黏剂 B	无预处理的常温 90°剥离	62.20	36.90	1.82	—
	预处理后的常温 90°剥离	71.89	47.27	2.33	28.02
	预处理后的高温 90°剥离	49.26	24.47	1.20	−34.07

注：强度变化率 = $\dfrac{\text{预处理后的 90°剥离强度} - \text{无预处理的常温 90°剥离强度}}{\text{无预处理的常温 90°剥离强度}} \times 100\%$，正值表示性能提高，负值表示性能降低。

4.2.5　小结

本节开展真空冷热循环预处理试验、毡组件拉伸试验和毡组件 90°剥离试验，探究采用两种胶黏剂的内部隔热毡胶接性能。试验发现真空冷热循环对毡组件的剥离几乎没有影响，胶黏剂 B 在作为胶黏素材时相对于其他的胶黏剂具有更好的性能，为后续胶黏剂的选材提供了依据。

4.3　瓦用高温胶黏剂环境及耐久性综合性能试验

4.3.1　引言

瓦用胶黏剂一般采用环氧树脂系列胶黏剂，成分一般为高分子聚合物，作用原理为含有活泼氢的化合物使其开环，固化交联生成网状结构。瓦用胶黏剂可对金属与大多数非金属材料之间进行黏结，广泛用于航空、航天、汽车等领域，与其他胶黏剂相比具有固化收缩小、耐腐蚀、耐水性及高黏结强度等优点。

针对空天飞行器的高温服役环境，需要采用耐热性高、稳定性强的胶黏剂进行隔热系统与机体结构的连接，对保障飞行安全，提高飞行器性能具有重要作用。因此，需要开展高温胶黏剂环境及耐久性综合性能试验，研究高温胶黏剂的综合性能，为后续胶黏剂在新型飞行器上的使用提供技术支撑。

根据试验类型参照的标准如下：

(1) GB/T 7124—2008《胶粘剂　拉伸剪切强度的测定(刚性材料对刚性材料)》;

(2) GJB 444—88《胶粘剂高温拉伸剪切强度试验方法(金属对金属)》;

(3) GJB 446—88《胶粘剂 90°剥离强度试验方法(金属与金属)》;

(4) GJB 447—88《胶粘剂高温 90°剥离强度试验方法(金属与金属)》;

(5) ASTM C297《夹层结构平面拉伸强度试验方法》。

试验在常温常压环境中开展,但试验件需经预处理,具体环境参数如下所示(依具体试验要求而定)。

长期环境:厂房(温度 18～25℃、湿度 30%～65%)放置 1a 后。

湿热环境:湿热环境箱(湿度 85%)。

真空冷热循环:真空环境(真空度不高于 $1.3×10^{-3}$Pa)下循环 20 次、50 次、120 次后。

常温常压:胶黏剂厂房环境固化后。

4.3.2　胶黏剂拉剪试验

1. 试验目的

开展胶黏剂拉剪试验,包括长期环境后胶黏剂拉剪试验、湿热环境后胶黏剂拉剪试验、真空冷热循环后胶黏剂拉剪试验和常温常压后胶黏剂拉剪试验,研究其性能和破坏模式,为耐高温胶黏剂的使用提供技术支持。

2. 试验方法

本试验在 UTM5105 型电子万能试验机上完成,按下列试验步骤进行:

(1) 记录试件编号。利用精度为 0.02mm 的游标卡尺测量试件胶接处的长度和宽度,并取平均值进行计算。

(2) 在试验件两侧 20mm 中心位置钻 ϕ7mm 加载孔,如图 4-8 所示。

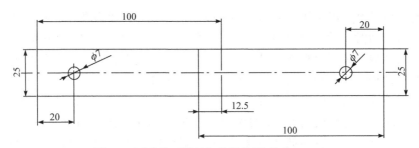

图 4-8　试验件两端钻加载孔位置(单位: mm)

(3) 调整试验机的相对位置,通过加载孔将试验件安装到夹具上;安装过程中注意使力加载线与试样中心线保持一致。

(4) 试验前对试验机进行清零后以 5mm/min 的加载速率进行试验，直至试件破坏。记录试验数据。

(5) 对典型试验件进行照相，注明破坏模式，如内聚破坏、黏附破坏和其他破坏模式等。

(6) 按照 GB/T 7124—2008《胶粘剂　拉伸剪切强度的测定(刚性材料对刚性材料)》和 GJB 444—88《胶粘剂高温拉伸剪切强度试验方法(金属对金属)》对所得数据进行计算。

按下列公式计算拉伸剪切强度：

$$\tau = \frac{P}{B \cdot L} \tag{4-3}$$

式中，τ ——胶黏剂拉伸剪切强度，MPa；

$\quad\quad$ P ——试验件剪切破坏的最大负荷，N；

$\quad\quad$ B ——试验件搭接面宽度，mm；

$\quad\quad$ L ——试验件搭接面长度，mm。

3. 试验结果与分析

1) 长期环境后胶黏剂拉剪试验

长期环境试验件在室温环境放置 1a 后进行拉伸剪切试验。拉剪破坏模式主要为胶层的内聚破坏，其中有少量胶层与搭接板之间发生黏附破坏。试验曲线如图 4-9 所示。

2) 湿热环境后胶黏剂拉剪试验

拉剪破坏模式主要为胶层的内聚破坏，其中有少量胶层与搭接板之间发生黏附破坏。试验曲线如图 4-10 所示。

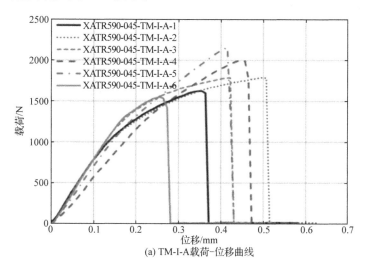

(a) TM-I-A载荷-位移曲线

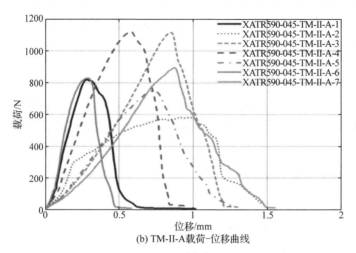

(b) TM-II-A载荷-位移曲线

图 4-9　长期环境试验件载荷-位移曲线(胶黏剂拉剪试验)

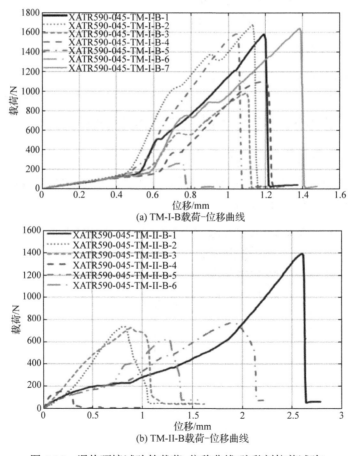

(a) TM-I-B载荷-位移曲线

(b) TM-II-B载荷-位移曲线

图 4-10　湿热环境试验件载荷-位移曲线(胶黏剂拉剪试验)

4.3.3　胶黏剂 90°剥离试验

1. 试验目的

开展胶黏剂 90°剥离试验，包括长期环境后胶黏剂 90°剥离试验、湿热环境后胶黏剂 90°剥离试验、真空冷热循环后胶黏剂 90°剥离试验和常温常压后胶黏剂拉剪试验，研究其性能和破坏模式，为后续胶黏剂在新型飞行器上的使用提供技术支持。

2. 试验方法

本试验在 UTM5105 型电子万能试验机上完成，按下列试验步骤进行：

(1) 记录试件编号。利用精度为 0.02mm 的游标卡尺测量试件胶黏部分任意三处的宽度，取其平均值进行计算。

(2) 如图 4-11 所示，将试验件装配在剥离组合夹具上，将组合夹具安装到试验机上，安装时注意对中性。将试样挠性片未胶接端从剥离夹具两轮间穿过，并在夹具钳口中夹紧，试样两侧不得与夹具框相碰。

图 4-11　胶黏剂 90°剥离试验加载

(3) 试验前对试验机进行清零，以 100mm/min 的速率开始加载直到试验件被剥离有效长度不小于 100mm 时停止试验。记录试验数据。

(4) 对典型试验件进行照相，注明破坏模式。

(5) 按照 GJB 446—88《胶粘剂 90°剥离强度试验方法(金属与金属)》和 GJB 447—88《胶粘剂高温 90°剥离强度试验方法(金属与金属)》对所得数据进行计算。

按下列公式计算剥离强度：

$$\sigma_{st} = P / D \tag{4-4}$$

式中，σ_{st}——剥离强度，N/mm；

P——试验件剥离载荷平均值，N；

D——试验件宽度，mm。

3. 试验结果与分析

1) 长期环境后胶黏剂拉剪试验

试验件在室温环境放置 1a 后，进行 90°剥离试验。90°剥离破坏模式主要为胶层的内聚破坏，其中有少量胶层与搭接板之间发生黏附破坏。试验曲线如图 4-12

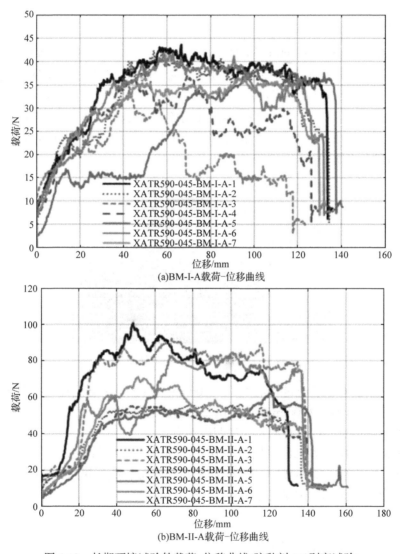

(a)BM-I-A载荷-位移曲线

(b)BM-II-A载荷-位移曲线

图 4-12　长期环境试验件载荷-位移曲线(胶黏剂 90°剥离试验)

所示。

2) 湿热环境后胶黏剂 90°剥离试验

90°剥离破坏模式: 主要为胶层的内聚破坏, 其中有少量胶层与搭接板之间发生黏附破坏。试验曲线如图 4-13 所示。

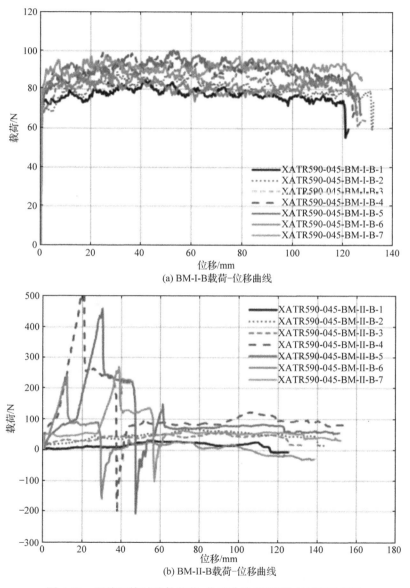

(a) BM-I-B载荷-位移曲线

(b) BM-II-B载荷-位移曲线

图 4-13　湿热环境试验件载荷-位移曲线(胶黏剂 90°剥离试验)

3) 真空冷热循环后胶黏剂 90°剥离试验

90°剥离破坏模式：主要为胶层的内聚破坏，其中有少量胶层与搭接板之间发生黏附破坏。试验曲线如图 4-14 所示。

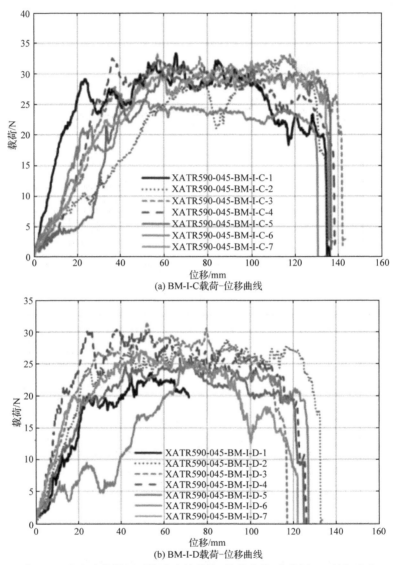

(a) BM-I-C载荷−位移曲线

(b) BM-I-D载荷−位移曲线

图 4-14　真空冷热循环环境试验件载荷−位移曲线(胶黏剂 90°剥离试验)

4)常温常压后胶黏剂 90°剥离试验

90°剥离破坏模式：主要为胶层的内聚破坏，其中有少量胶层与搭接板之间发生黏附破坏。试验曲线如图 4-15 所示。

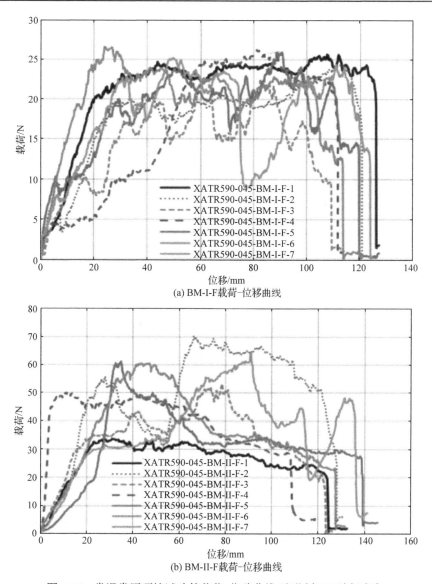

(a) BM-I-F载荷-位移曲线

(b) BM-II-F载荷-位移曲线

图 4-15　常温常压环境试验件载荷-位移曲线(胶黏剂 90°剥离试验)

4.3.4　组合拉伸试验

1. 试验目的

开展组合拉伸试验，研究常温常压下试验件的性能及失效破坏模式，为后续的试验提供技术支撑。

2. 试验方法

本试验在 UTM5105 型电子万能试验机上完成。

组合拉伸试验步骤如下：

(1) 记录试件编号。利用精度为 0.02mm 的游标卡尺测量试件的长度、宽度和厚度，并取平均值进行计算。

(2) 用 DG-3S 胶将试验件粘到组合夹具上，高温固化 4h，固化完成后取出试验件。

(3) 如图 4-16 所示，将试验件装配在拉伸组合夹具上，将组合夹具安装到试验机上，安装时注意对中性。

图 4-16　组合拉伸试验加载

(4) 试验前对试验机进行清零后以 0.5mm/min 的加载速率开始进行试验，直至试件破坏。记录试验数据。

(5) 对典型试验件进行照相，记录试验破坏模式。

(6) 按照 ASTM C297《夹层结构平面拉伸强度试验方法》对所得数据进行计算。

拉伸强度计算公式同式(4-1)。

3. 试验结果与分析

组合拉伸试验件破坏模式：L-III-F 组 5 个试件应变隔离垫与复材面板之间的胶脱黏。L-IV-F 组 5 个试件外部隔热毡与复材面板之间的胶脱黏。试验曲线如图 4-17 所示，试验件断口如图 4-18 所示。

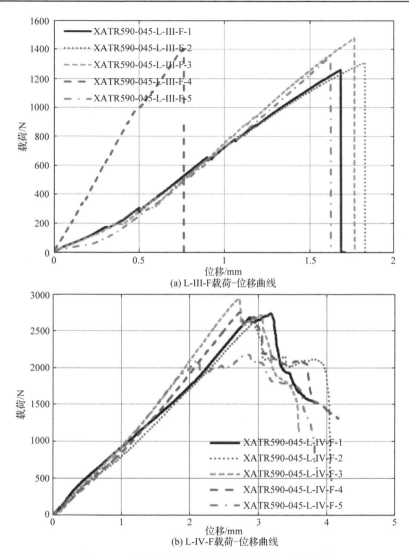

(a) L-III-F载荷-位移曲线

(b) L-IV-F载荷-位移曲线

图 4-17 常温常压后组合拉伸试验载荷-位移曲线

4.3.5 小结

本节开展胶黏剂拉剪试验、胶黏剂 90°剥离试验和组合拉伸试验,探究瓦用高温胶黏剂不同环境下的破坏模式和耐久性综合性能。试验发现胶黏剂的破坏模式主要和其受力方向有关,而不同环境对胶黏剂的破坏模式几乎没有影响。

刚性隔热瓦与应变隔离垫
之间胶层脱黏

外部隔热毡与复材
板面之间胶层脱黏

(a) L-III-F 断口　　　　　　　　　　　　(b) L-IV-F 断口

图 4-18　试验件断口

4.4　耐高温复合材料混合连接及热阻断试验

4.4.1　引言

　　耐高温复合材料通常具有高强、轻质、耐疲劳、结构设计灵活等特点，被广泛应用于航空航天结构部件中。碳纤维树脂基复合材料集高强、轻质、耐疲劳、结构设计灵活等优点于一体，是目前应用广泛的重要的高性能航空航天结构承载材料。除耐高温复合材料性能参数之外，其具体连接性能研究也得到越来越多的重视。为推进耐高温复合材料在新型号飞行器研制中的应用，本小节介绍胶铆混合连接试验、混合连接钉载试验和热阻断连接试验等，为后续耐高温复合材料的应用提供技术支撑。

　　本项试验包括高温复材线膨胀系数试验、高温复材胶铆混合连接试验、高温复材混合连接钉载试验、高温复材热阻断连接试验。试验参考 GJB 332A—2004《固体材料线膨胀系数测试方法》和 ASTM D3165《采用单搭接层合组件的拉伸加载测定胶黏剂剪切强度性能的标准试验方法》进行。试验环境主要包括室温试验环境、高温试验环境、低温试验环境以及高温预处理环境。涉及的试验设备详情见表 4-4。

表 4-4 试验设备详情

序号	试验设备名称	用途	量程	精度
1	电子万能试验机	拉伸试验	$0 \sim 10kN$	0.5 级(准确度)
2	高低温环境箱	高低温拉伸试验	$-190 \sim 500℃$	$±2℃$
3	热膨胀仪	线膨胀试验	$-170 \sim 500℃$	$±2℃$
4	热性能试验设备	耐热性能试验	$20 \sim 1800℃$	$±5℃$
5	热电偶	温度测量	$-200 \sim 1200℃$	$±1.5℃$
6	游标卡尺	尺寸测量	$0 \sim 200mm$	0.02mm
7	电子天平	质量测量	$0 \sim 1000g$	0.001g
8	无损检测仪	无损检测	—	—
9	静态电阻应变仪	应变测量	$-19999 \sim 19999\mu\varepsilon$	$1\mu\varepsilon$
10	电阻应变计	应变测量	$-19999 \sim 19999\mu\varepsilon$	$(2.19±1)\%$

在正式试验前，应确保试验设备在有效校准期内，试验机的加力系统具有良好的同轴度，使试样受力对称分布，准确度为 0.5 级；其他仪器和设备应满足相应精度要求。

4.4.2 线膨胀系数试验

1. 试验目的

测试高温复材单向带、典型厚度、典型铺层比例的层合板的热膨胀性能数据，并与经典层合板理论预测结果及仿真分析结果进行对比，验证预测方法的准确性，为高温复材在高温环境的匹配性设计提供基础支撑。

2. 试验方法

高温复材线膨胀系数试验拟采用 DIL402C 型热膨胀仪完成，试验步骤如下：
(1) 对试验件表面污渍和油污进行清洗后，在无水乙醇中浸泡润湿，然后用蒸馏水进行冲洗并烘干。
(2) 对试验件进行编号、拍照并记录。
(3) 测量试验件三个典型位置的长度、宽度和厚度，计算平均值并记录。
(4) 对试验件进行无损检测，并记录检测情况。
(5) 将被测试验件安装在 DIL402C 型热膨胀仪的工作台上，设置试验温度和升温/降温速率(2℃/min)，开始线膨胀系数测量。试验过程中记录温度与变形数据。试验结束，关闭环境箱，待膨胀仪降至室温后，取出试验件。

试验件的平均线膨胀系数按下式进行计算：

$$a_\text{m} = \frac{\Delta L / L_0}{T_2 - T_1}$$ (4-5)

式中，a_m——平均线膨胀系数；

　　　$\Delta L / L_0$——指定温度范围内试验件的线性热膨胀；

　　　$T_2 - T_1$——指定的温度范围，℃。

3. 仿真分析

采用基于简化有限元模型的方法预测线膨胀系数。该方法根据层压理论，不单独考虑材料中的纤维和基体，将单层复合材料看作一个均匀的各向异性弹性体并逐层叠加形成复合材料。模型采用三维连续体单元建模，有限元模型如图 4-19 所示。由于复材在模拟温度范围内不会出现分层破坏的现象，因此将层合板进行均匀切割，每层为 0.125mm，层与层之间采用 Tie 约束。对层合板逐层赋予材料属性，不同温度下线膨胀系数通过试验测试得到。本书将表 4-5 中 0°单向带与 90°单向带不同温度范围下的线膨胀系数测试结果分别作为单层复合材料纵向与横向线膨胀系数分量输入材料属性中。对整个模型施加预定义温度场使模型在计算过程中内部温度均匀，初始温度场设置为室温 20℃；在第一个分析步中将温度设置为高温，在第二个分析步中设置为低温，温度随分析步时间变化曲线如图 4-20 所示。

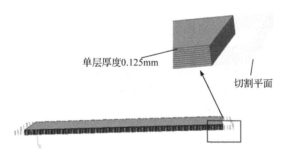
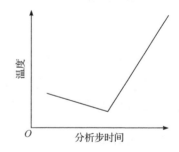

图 4-19　复材板热膨胀分析模型　　　　图 4-20　温度随分析步时间变化曲线

表 4-5　不同温度下复材单向带的线膨胀系数

项目	温度/℃				
	50	150	250	350	450
线膨胀系数(0°方向)	9×10^{-7}	6×10^{-7}	4×10^{-7}	6×10^{-7}	7×10^{-7}
线膨胀系数(90°方向)	2.71×10^{-5}	3.17×10^{-5}	3.09×10^{-5}	2.99×10^{-5}	3.59×10^{-5}

模型包含四类不同铺层：铺层 1([0°]$_{10}$；厚度：1.25mm)、铺层 2([90°]$_{10}$；厚度：1.25mm)、铺层 3([45°/0°/-45°/90°]$_{2s}$；厚度：2mm)、铺层 4([45°/0°/45°/0°/

90°/0°/90°/0°/45°/0°]s；厚度：2.5mm)。

线膨胀系数采用下式计算得到：

$$\alpha_l = \Delta T \Delta L / L_0 \tag{4-6}$$

通过仿真得出的应变与温度变化量的比值即为线膨胀系数，应变仿真结果如图 4-21 所示。计算得到的 4 类铺层在 0°方向的线膨胀系数如表 4-6 所示。复材板为各向异性材料，轴向线膨胀系数远小于横向线膨胀系数。铺层 1 的铺层方向为 0°，由图 4-21(a)与(b)可知铺层 1 的轴向应变较小，与理论相符。铺层 2 的铺层方向为 90°，由图 4-21(c)与(d)可知铺层 2 的轴向应变较大，此时轴向的应变即为温度变化量与横向线膨胀系数的乘积，仿真结果与理论相符。

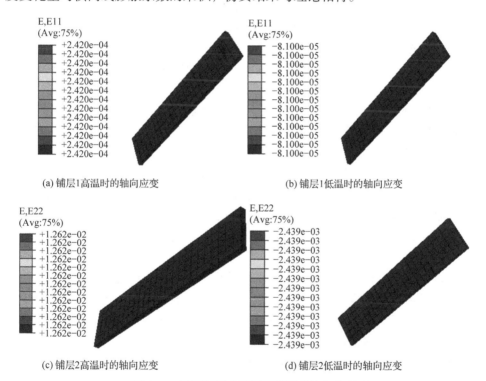

(a) 铺层1高温时的轴向应变　　　　　　　　(b) 铺层1低温时的轴向应变

(c) 铺层2高温时的轴向应变　　　　　　　　(d) 铺层2低温时的轴向应变

图 4-21　不同铺层在不同温度下的轴向应变

表 4-6　线膨胀系数仿真结果

铺层	线膨胀系数(高温)	线膨胀系数(低温)
1	6.37×10^{-7}	-9.00×10^{-7}
2	3.32×10^{-5}	-2.71×10^{-5}
3	1.16×10^{-5}	-1.23×10^{-7}
4	4.75×10^{-6}	-2.80×10^{-8}

4.4.3 胶铆混合连接试验

1. 试验目的

开展高温复材胶结、胶铆混合连接性能试验，包括单钉搭接和双钉搭接性能试验(对剪切性能的影响)，研究典型性能及失效破坏模式，为高温复材的胶铆混合设计提供技术支撑。

2. 试验方法

高温复材胶铆混合连接试验件分别进行室温试验和两种温度下的高温试验。室温试验在 UTM5105 型电子万能试验机上完成，高温试验在配备 TG501 高低温环境箱的 UTM5105 型电子万能试验机上完成。试验步骤如下：

(1) 对试验件进行编号、拍照并记录。

(2) 测量试验件三个典型位置的宽度、厚度和搭接区的长度，计算平均值，并记录。

(3) 对试验件进行无损检测，并记录检测情况。

(4) 调整试验机的相对位置，将试验件直接夹持在试验机的夹头处，安装过程中注意试验件的对中性。

(5) 试验机采用位移控制进行加载。根据以往类似试验件测试经验，参照 ASTM D3165《采用单搭接层合组件的拉伸加载测定胶黏剂剪切强度性能的标准试验方法》，设定加载速率为 2mm/min，采用频率为 10Hz。

(6) 对于室温试验，对试验机进行载荷清零后进行试验，直至试验件破坏，记录试验数据。

(7) 对于高温试验，完成(1)~(5)的步骤后，对高低温环境箱进行加热，待高低温环境箱温度达到设定温度后，保温 1min。高低温环境箱加热和保温过程中不断调整试验机横梁，确保试验机载荷接近清零状态。保温结束后，对试验机载荷清零并进行试验，直至试验件破坏，记录试验数据。

(8) 试验结束后，对破坏的试验件进行照相，记录试验件破坏模式。

(9) 参照 ASTM D3165《采用单搭接层合组件的拉伸加载测定胶黏剂剪切强度性能的标准试验方法》对所得室温和高温拉伸试验数据进行处理。

按下列公式计算剪切强度：

$$\tau = P_{max} / Lb \tag{4-7}$$

式中，τ——剪切强度，MPa；

P_{max}——破坏时的最大载荷，N；

L——试验件搭接区长度，mm；

b——试验件搭接区宽度，mm。

3. 仿真分析

采用实体建模，铺层为[45°/0°/–45°/90°]₂s，0°方向为试验件长度方向。鉴于实体模型无法使用 ABAQUS 自带的 Hashin 失效准则，本书使用子程序定义复材板的纤维拉伸和压缩、基体的拉伸和压缩以及复材板的分层破坏。输出的 SDV1～SDV7 分别代表基体的压缩、拉伸失效，纤维的压缩、拉伸失效，基体与纤维之间的剪切失效，复合材料的拉伸分层、压缩分层失效，其值大于 1 代表相应的损伤模式起始。

铆钉材料为 TC4 钛合金，在属性模块对复材板及铆钉赋予温度相关的弹性模量以及线膨胀系数属性。复材板材料属性如表 4-7 所示，TC4 钛合金材料属性如表 4-8 所示。

表 4-7　复材板材料属性

温度/℃	E1/GPa	E2/GPa	面内剪切模量/GPa	径向拉伸强度/MPa	纬向拉伸强度/MPa	面内剪切强度/MPa
20	148	9.44	4.53	1836	46	70
350	147	—	—	1579	—	53.5

注：E1 表示纵向弹性模量；E2 表示横向弹性模量。

表 4-8　TC4 钛合金材料属性

密度/(g/cm³)	线膨胀系数	弹性模量/GPa	泊松比
4.45	$6.5×10^{-6}$	130	0.3

对于静力通用分析和热力耦合分析，网格单元类型相同。实体单元网格单元类型为线性缩减积分单元(C3D8R)，Cohesive 单元采用偏移形成的与上下接触面共节点的零厚度单元。对孔边、胶层及螺栓的网格进行加密处理，将胶接处网格设置为由外至内逐渐加密的网格，可使计算结果更加精确。单列双钉胶铆(10d)结构装配体网格如图 4-22 所示，孔边网格渐进细化及铆钉网格细化如图 4-23 所示。

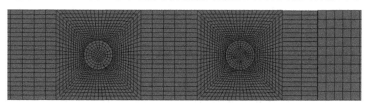

图 4-22　单列双钉胶铆(10d)结构装配体网格

对于单钉结构，一端施加固支约束，另一端施加 1mm 的轴向位移。单列双钉胶铆(10d)结构热力耦合模型的边界条件设置如图 4-24 所示，对模型左夹持段进行固支约束，对右侧载荷施加段实施 2mm 的位移约束，对模型整体在初始分析

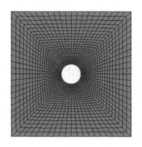

图 4-23　局部网格细化

步施加 20℃的预定义场，在第一个分析步施加某一高温的预定义场，整个分析过程等同于顺序热力耦合。

图 4-24　单列双钉胶铆(10d)结构边界条件设置

　　铆钉与复材板之间的接触设置为通用接触，切向摩擦因子设为 0.2，法向接触设置为硬接触。在固支端轴向远离固支端 20mm 处建立耦合点 RP1 并设置 SET，耦合点与固支端面耦合，在历史输出中勾选 RF1(轴向支反力)并选择所建立的 SET，在仿真结果输出中直接导出固支点的支反力变化曲线。在远离加载端 20mm 处建立耦合点 RP2 并设置 SET，耦合点与加载端面耦合，并施加轴向位移约束，在历史输出中勾选 U1(加载点轴向位移)，在仿真结果输出中导出加载点位移曲线。

　　由于带有胶层的结构在进行静力通用分析时易产生不收敛的问题，常温下的胶结以及胶铆混合连接结构的静力分析和热力耦合分析均采用动态分析，对复材板以及铆钉结构在预定义场施加温度载荷。

　　单钉胶结模型常温与高温状态下复材板与胶层交界处应力变化如图 4-25 所示，可以看出，在高温下最大应力较常温出现下降。

　　图 4-26 为单钉胶结模型在常温与高温下受剪的应力云图，可以看出胶结处及附近区域应力较大，且高温下由于热应力的影响应力大于常温下的应力。由图 4-27 可以看出，基体在胶结处以及加强板与复材板连接处发生了拉伸损伤，同时基体未发生压缩损伤、纤维未发生损伤、基体与纤维之间未发生剪切破坏且在高温状态下破坏强度大于常温。

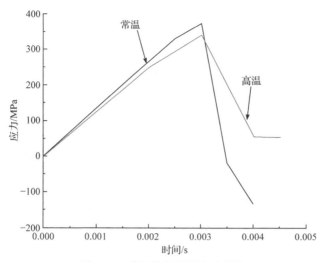

图 4-25　单钉胶结模型应力变化

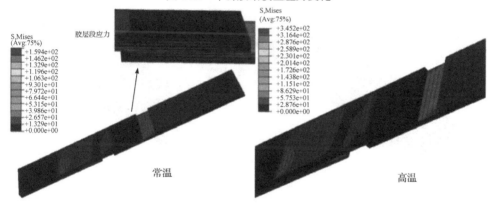

图 4-26　单钉胶结模型应力云图对比

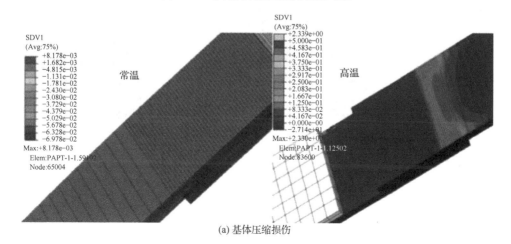

(a) 基体压缩损伤

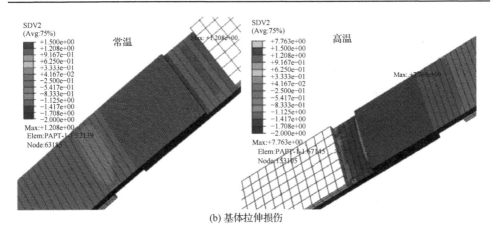

(b) 基体拉伸损伤

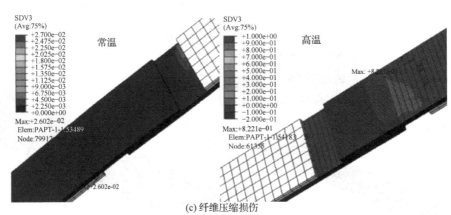

(c) 纤维压缩损伤

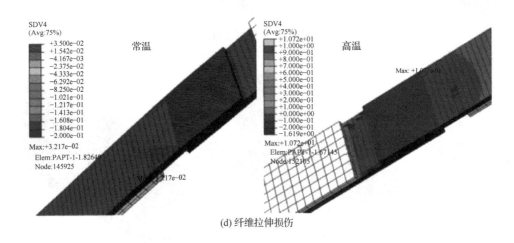

(d) 纤维拉伸损伤

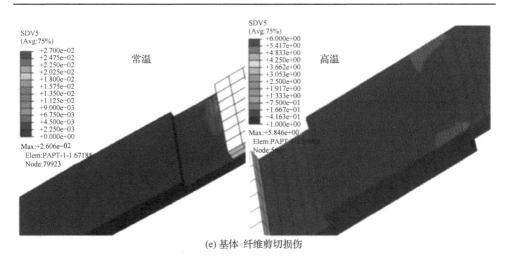

(e) 基体-纤维剪切损伤

图 4-27　单钉胶结模型模拟结果

单钉机械连接模型包含常温与高温两类，采用 USDFLD 子程序定义复材板的损伤，当应力达到破坏强度时材料损伤并产生刚度降，FV1 代表基体的损伤，FV2 代表纤维与基体之间的剪切损伤，FV3 代表纤维的损伤。图 4-28 为单钉机械连接结构整体应力分布，图 4-29 为该结构载荷-位移曲线。由图 4-29 可知载荷为 28kN 时，常温下的复材板发生破坏，此时加载点位移为 1.5mm。在高温下复材板的承载能力低于常温下的复材板。由图 4-30 知，复材板的损伤模式以基体的损伤为主，纤维与基体间的剪切破坏主要发生在钉孔处，纤维的损伤集中于钉孔及两板交界处。

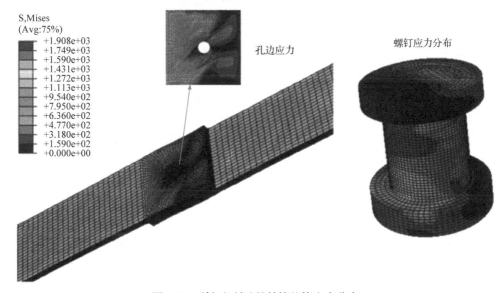

图 4-28　单钉机械连接结构整体应力分布

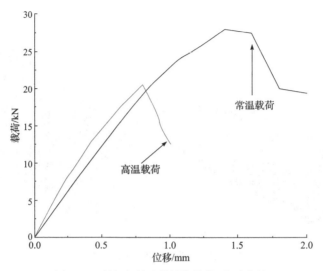

图 4-29　单钉机械连接结构载荷-位移曲线

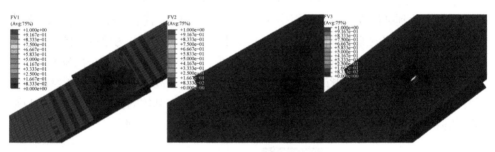

图 4-30　复材板损伤模式

采用动态分析，应用子程序定义复材板的损伤，仿真结果输出 FV1 为纤维的损伤，FV2 为基体的损伤，FV3 为剪切损伤，FV4 为分层损伤。单钉胶铆混合连接模型包含常温与高温两类，胶层通过网格偏移与复材板形成共节点单元，胶层的损伤通过 ABAQUS 自带的二次名义应力损伤准则定义。图 4-31 为整体应力分布情况。图 4-32(a)为常温状态与高温状态的载荷-位移曲线对比，常温状态下承载能力高于高温状态。图 4-32(b)为胶层失效情况，胶层在加载点位移为 0.22mm 时开始发生破坏，并于 0.26mm 时完全脱黏。图 4-32(c)为纤维的失效情况，图 4-32(d)为基体的失效情况，图 4-32(e)为剪切失效情况，图 4-32(f)为复材板分层失效情况。由图 4-32(d)和(f)知纤维损伤以及剪切损伤集中于钉孔处，由图 4-32(e)和(f)可知基体的拉伸、压缩损伤与分层损伤皆发生于孔边以及上下两复材板交界处。

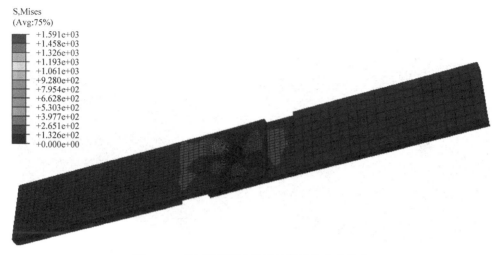

图 4-31　单钉胶铆混合连接结构整体应力分布

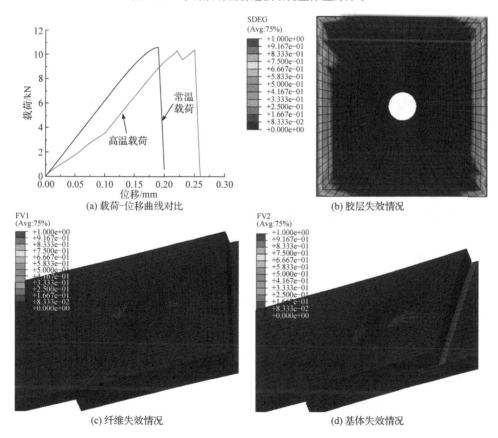

(a) 载荷-位移曲线对比

(b) 胶层失效情况

(c) 纤维失效情况

(d) 基体失效情况

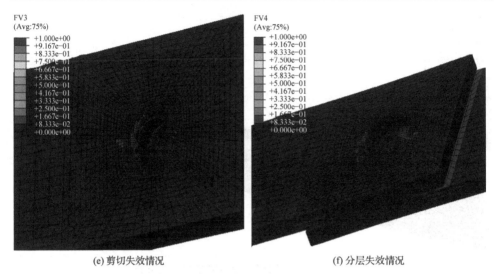

(e) 剪切失效情况   (f) 分层失效情况

图 4-32　单钉胶铆混合连接模型模拟结果

4.4.4　混合连接钉载试验

1. 试验目的

开展高温复材混合连接钉载试验，主要研究高温环境下，由于复合材料与金属之间的线膨胀系数差异，连接件内部的热应力情况，为高温复材与金属混合连接设计提供技术支撑。

2. 试验方法

高温复材混合连接钉载试验件均进行升温和降温试验。试验拟在 TG501 高低温环境箱中完成。试验步骤如下：

(1) 对试验件进行编号、拍照并记录。

(2) 测量试验件三个典型位置的长度、宽度和厚度，计算平均值，并记录。

(3) 根据仿真分析结果，确定试验件的应变片粘贴位置，如图 4-33 所示。对试验件应变片粘贴位置表面进行打磨，打磨时要注意打磨力度，尽量使试验件表面的损伤减少到最低程度，不伤及纤维束。清洁试验件表面后对应位置粘贴电阻应变计。用导线连接应变计到电阻应变仪相应通道上。

(4) 将试验件自由放置在 TG501 型高低温环境箱中。

(5) 首先进行高温试验。按照 10℃/min，10℃ 为一级，每级保温 30s，对环境箱进行加热，直至所设定温度，保温 30s 后自然冷却。每级保温期间，温度稳定

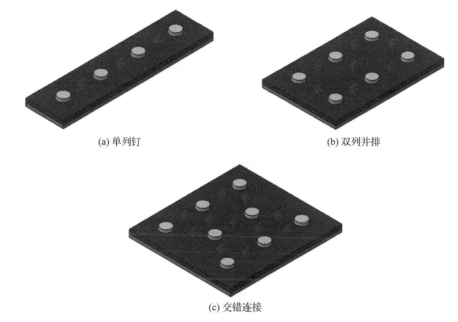

(a) 单列钉　　　　　　　　　(b) 双列并排

(c) 交错连接

图 4-33　高温复材混合连接钉载试验件应变片粘贴位置示意图

后，逐级采集应变数据。

（6）待试验件温度降至室温后，进行低温试验。按照 10℃/min，10℃ 为一级，每级保温 30s，对环境箱进行降温，直至所设定温度，保温 30s 后自然升温。每级保温期间，温度稳定后，逐级采集应变数据。

（7）试验结束后，对试验件进行照相。

（8）绘制高温和低温试验的应变-温度曲线。

3. 仿真分析

高温复材混合连接钉载仿真分析有限元模型分为三个部件：含孔复材板(上下两件)及螺栓，各部件均采用三维连续体单元建立。为了得到复合材料各层的模拟结果，将层合板在材料厚度方向按照实际的铺层厚度及铺层数量切割为若干层。为得到更精确的模拟结果，对各孔周边、螺栓厚度方向进行网格细化。对于复材板厚度方向，每个单元厚度即为一层。三种构型的有限元模型及局部网格加密情况如图 4-34 所示。

仿真模型分为三组，每组包含两个不同铺层的模型，铺层种类 A：[45°/0°/−45°/90°/45°/0°/−45°/90°/0°/90°]s，B：[45°/0°/0°/−45°/90°/45°/0°/0°/−45°/0°]s。

不同模型的构型和铺层如表 4-9 所示。

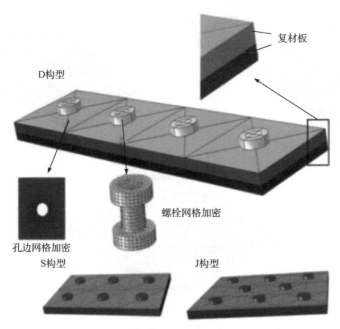

图 4-34　有限元模型及局部网格加密示意图

表 4-9　不同模型的构型和铺层

项目	模型					
	1	2	3	4	5	6
构型	D	S	J	D	S	J
铺层	A	B	A	B	A	B

图 4-35 为模型 1 与模型 2 孔边应力及应变随温度变化曲线对比,由图知相同构型下 B 铺层的孔边应力及应变大于 A 铺层,且模型 2 的应力与应变随温度变化速度大于模型 1。图 4-36 为相同铺层不同构型复材板的应力情况,由图可看出 J

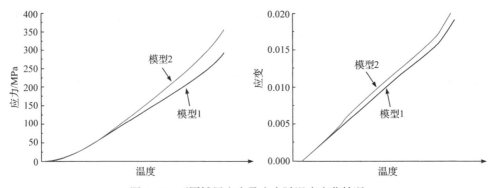

图 4-35　不同铺层应力及应变随温度变化情况

构型整体热应力及最大热应力大于其他构型。图 4-37 为相同铺层不同构型的螺钉应力分布情况，可以看出 J 构型的螺钉钉载较大。

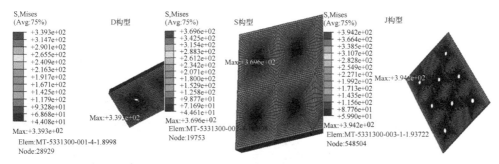

图 4-36　不同构型复材板应力云图

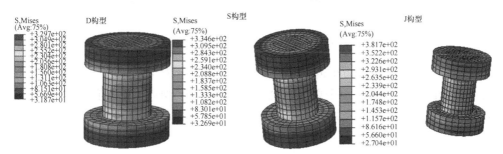

图 4-37　不同构型螺钉应力云图

　　图 4-38 为各构型中不同铺层应力云图对比，由图可知相同的构型，B 铺层产生更大的热应力，且热应力集中于孔边。

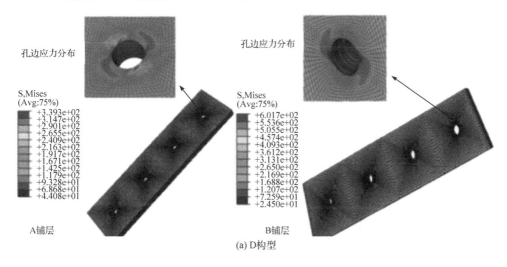

(a) D构型

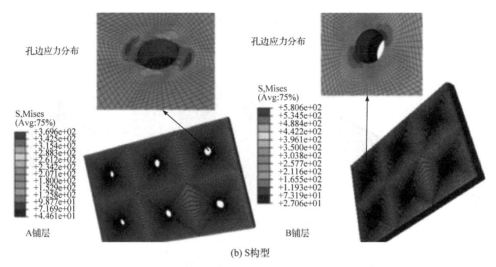

(b) S构型

图 4-38　各构型不同铺层应力云图

　　复材板混合连接结构在温度载荷作用下，因复合材料的各向异性、铺层的不统一性及铆钉与复材板之间线膨胀系数的差异而产生热应力，铆钉与复材板之间挤压产生机械应力，最大值位于铆钉与复材板接触的钉孔位置。通过对比分析，相同铺层 S 构型较 D 构型产生的最大应力大，相同构型 A 铺层较 B 铺层产生的最大热应力小。

4.4.5　热阻断连接试验

1. 试验目的

　　选取不同的热阻单元连接形式，开展高温隔热试验和拉伸试验。研究热阻单元对温度适应性影响、拉伸性能及失效破坏模式，为高温复材热阻单元的连接设计提供技术支撑。

2. 试验方法

　　高温复材热阻断连接试验夹具如图 4-39 所示。加载块和试验件采用 DG-3 胶进行胶接，加载块与连接块采用螺栓进行固连，夹头、U 形耳片和连接块通过销轴连接后固定在试验机上。试验夹具与试验件连接后，可以绕互相垂直的销轴自由转动，从而保证试验夹具的自动对中。试验夹具上下夹头的夹持直径一致，试验机上下夹头采用相同的带有 V 形口的楔形加载块。

　　高温复材热阻断连接试验件中的部分试验件首先进行高温隔热性能试验，然后所有试验件在黏结加载块后进行室温环境下的拉伸试验。高温隔热试验拟在热

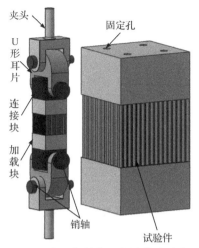

图 4-39　高温复材热阻断连接试验夹具

性能试验设备上完成，室温拉伸试验拟在 UTM5105 型电子万能试验机上完成。试验步骤如下。

(1) 对试验件进行编号、拍照并记录。

(2) 测量试验件三个典型位置的长度、宽度和厚度，计算平均值，并记录。

(3) 高温隔热试验。试验前对试验件进行称重并记录；在试验件热面和冷面黏结 K 型热电偶(图 4-40)；通过在 MTS 控制系统中输入高温加热控制曲线，使试验件在 100s 从室温升到高温，保温 20min，然后进行自然冷却，温度控制曲线如图 4-41 所示；冷却后，对试验件进行拍照、称重并记录；测量试验件三个典型位置的长度、宽度和厚度，计算平均值，并记录。

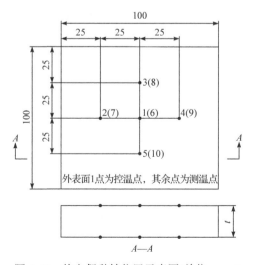

图 4-40　热电偶黏结位置示意图(单位：mm)

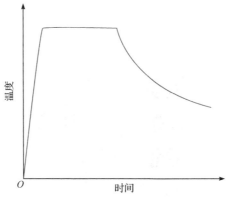

图 4-41　高温隔热性能试验温度控制曲线

(4) 清理试验件上下表面，将试验件上下表面与加载块进行黏结，并在高温环境下固化 4h。

(5) 对夹具的活动性进行检查，确保试验夹具可以绕两个垂直的销轴进行灵活转动，使试验夹具与试验件连接后能够自动对中。

(6) 将黏结加载块的试验件装配在拉伸组合夹具上(图 4-39)，将组合夹具安装到试验机上。

(7) 试验机采用位移控制进行加载。根据以往类似试验件测试经验，参照 ASTM C297《夹层结构平面拉伸强度试验方法》，设定加载速率为 0.5mm/min，采用频率为 10Hz。

(8) 对试验机载荷清零后进行试验，直至试验件破坏，记录试验数据。

(9) 试验结束后，对破坏的试验件进行照相，记录试验件破坏模式。

(10) 参照 ASTM C297《夹层结构平面拉伸强度试验方法》对所得拉伸试验数据进行处理。

拉伸强度计算公式同式(4-1)。

3. 仿真分析

对 C 型热阻单元开展仿真分析，在 ABAQUS 中对复材板进行切割，上盖板切割为八层，下盖板切割为十六层，对切割后的复材板逐层指派材料铺层方向。将气凝胶模型导入 Hypermesh 后对模型进行切割以与热阻单元、复材板等部件装配，再导入 ABAQUS 切去多余细小面以利于划分网格。气凝胶原始模型如图 4-42(a)所示，修改后的模型如图 4-42(b)所示，装配后的整体模型如图 4-43 所示。

复材板及热阻单元采用六面体网格，网格尺寸为 1mm，网格划分如图 4-44(a)所示。气凝胶结构较为复杂，为便于划分网格，采用四面体网格进行网格划分，网格尺寸为 3mm，如图 4-44(b)所示。对于单独静力分析，采用 C3D8R 网格单元；

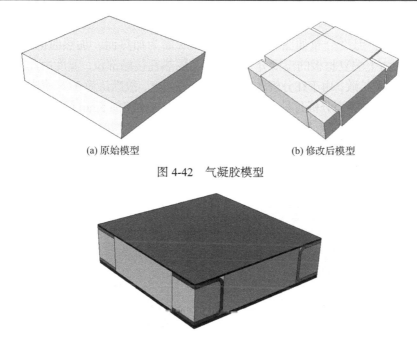

图 4-42　气凝胶模型

(a) 原始模型　　　　　　　　　　(b) 修改后模型

图 4-43　装配后的整体模型

对于传热分析，采用 DC3D8 单元即 Heat transfer 单元；对于传热分析后的热力耦合分析，同样采用 C3D8R 单元。

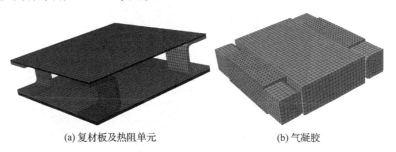

(a) 复材板及热阻单元　　　　　　　　　(b) 气凝胶

图 4-44　网格划分

　　带有 Cohesive 单元的结构在静力分析中会因 Cohesive 单元的网格畸变不收敛，故在单独静力分析中采用动态分析。在传热分析中采用 Heat transfer 分析步，在接下来的热力耦合分析中同样采用动态分析。隔热垫片与复材板、气凝胶及热阻单元之间采用 Cohesive 接触的方式进行连接。在单独静力分析中，对结构的底面与参考点进行耦合，对参考点建立 SET 以利于输出载荷-位移曲线，对参考点进行固支约束，对上表面施加 5mm 的位移约束，输出 Cohesive 单元的损伤参数及应力、应变参数。在传热分析中，对底面进行固支约束并施加温度载荷，输出温度及节点温度等参数，在接下来的热力耦合分析中同样输出 Cohesive 单元的损伤及应力、应变、支反力等计算结果。

传热分析温度分布如图 4-45(a)所示, 底面为加热面, 加热时间为 240s。图 4-45(b)为上端复材板的温度分布, 位于与隔热瓦接触部位, 温度由此部位向复材板其他部位扩散, 由于在分析之前未设定环境温度, 故默认为 0℃。传热完成后进行静力分析, 在静力分析时对底面固支约束, 对上表面施加 5mm 位移, 应力分布结果如图 4-46 所示, 应力集中于上端隔热瓦与应变隔离垫连接处。热阻单元的主要破坏模式为胶层失效破坏, 图 4-47 为胶层损伤情况, 通过观察胶层失效参数(SDEG)的分布可知, 胶层由内至外损伤且固定端的胶层先于加载端的胶层破坏。

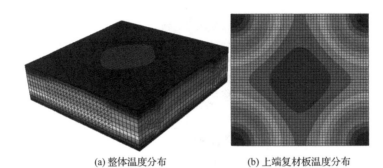

(a) 整体温度分布　　　　　　(b) 上端复材板温度分布

图 4-45　温度分布结果

图 4-46　整体应力分布

在模型下方中部距离底面 16mm 处创建参考点并与底面耦合, 创建 SET, 在历史输出中勾选参考点并输出支反力, 在计算结果中输出支反力随位移变化曲线。图 4-48 为常温下的载荷-位移曲线, 在常温状态下, 整体结构的承载能力为 7.5kN, 在加载位移为 2.3mm 时胶层单元刚度开始退化, 在加载位移为 2.9mm 时胶层完全失效。

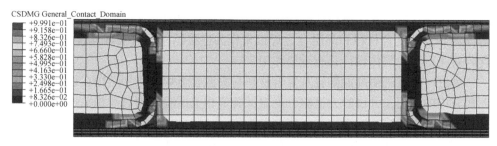

图 4-47　胶层损伤情况

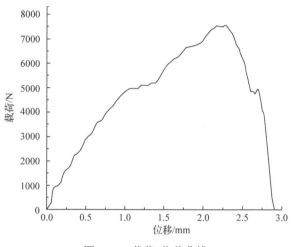

图 4-48　载荷-位移曲线

4.4.6　小结

　　本节开展线膨胀系数试验、胶铆混合连接试验、混合连接钉载试验以及热阻断连接试验，探究不同连接情况下复合材料的失效形式，以及复合材料热阻断性能，为后续耐高温复合材料在新型空天飞行器上的应用提供技术支持。

4.5　耐高温陶瓷基复合材料与高温合金焊接典型结构性能试验

4.5.1　引言

　　陶瓷基复合材料是指以陶瓷为基体与各种纤维复合的一类复合材料，基体可为氮化硅、碳化硅等高温结构陶瓷。相比传统材料，其具有强度大、质量轻、耐磨损等优势，通常应用在航空航天的热结构相关部件上。高温合金具有良好的抗氧化性、优异的高温强度和耐热腐蚀性，可以在一定的应力和高温下长期工作。

空天飞行器通常运行在严酷的热环境中，采用耐热性强、抗腐蚀性能良好的耐高温陶瓷基复合材料和高温合金焊接来作为连接结构，可实现连接-耐热一体化，对飞行器的整体设计具有重要作用。

为进一步推进耐高温陶瓷基复合材料与高温合金焊接典型结构在新型号飞行器研究中的应用，开展静力试验、高温试验等相关试验可为后续相关连接结构的应用提供技术支撑。

该项试验所涉及的试验设备及测试仪器明细如表 4-10 所示。

表 4-10　试验设备及测试仪器明细

序号	名称	规格型号	量程	精度	数量	设备用途
1	MTS 多通道协调控制系统	MTS-1	±1kN ±200mm	1%	2	载荷加载
2	定制温度箱	GW22-1000℃	1000℃	±3℃	1	温度加载
3	数据采集系统	DH-3818	±20000με 2Hz	1% ±3με	32 通道	应变采集
4	摄像机	索尼	—	—	2	影像记录
5	照相机	松下 D60	—	—	2	拍照记录

4.5.2　静力试验

1. 试验目的

对试验件开展常温静力试验，逐级加载后研究其是否发生有害变形，保证后续试验的准确。

2. 试验方法

1) 常温静力 40%预试
(1) 预试试验载荷为 40%限制载荷；
(2) 预试试验载荷应按每级 5%的限制载荷级差逐级加载；
(3) 按加载级差逐级卸载至零重。
2) 常温静力 100%载荷试验
(1) 按每级 10%的限制载荷级差逐级加载；
(2) 加载至 100%限制载荷后，保载 3s；
(3) 按加载级差逐级卸载至零重；
(4) 保载 3min。

3. 试验结果与分析

1) 40%载荷试验

第一个试验件结果中，40%载荷试验应变数据线性良好，测点 1 应变为 108με、测点 2 应变为−75με、测点 3 应变为 94με、测点 4 应变为−61με；试验完成后检查试验件，未发现有害变形，可进行 100%载荷试验。第二个试验件结果中，40%载荷试验应变数据线性良好，测点 1 应变为 120με、测点 2 应变为−79με、测点 3 应变为 111με、测点 4 应变为−69με；试验完成后检查试验件，未发现有害变形，可进行 100%载荷试验。图 4-49 为常温状态下 40%加载时载荷-应变曲线。

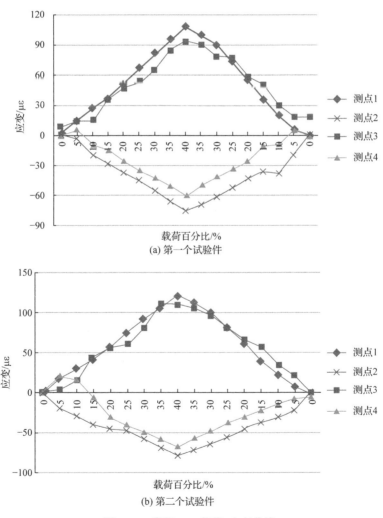

图 4-49　常温 40%载荷-应变曲线

2) 100%载荷试验

第一个试验件结果中，100%载荷试验应变数据线性良好，测点 1 应变为156με、测点 2 应变为–169με、测点 3 应变为 162με、测点 4 应变为–216με；试验完成后检查试验件，未发现有害变形。第二个试验件结果中，100%载荷试验应变数据线性良好，测点 1 应变为 197με、测点 2 应变为–189με、测点 3 应变为225με、测点 4 应变为–256με；试验完成后检查试验件，未发现有害变形。图 4-50 为常温状态下 100%加载时载荷-应变曲线。

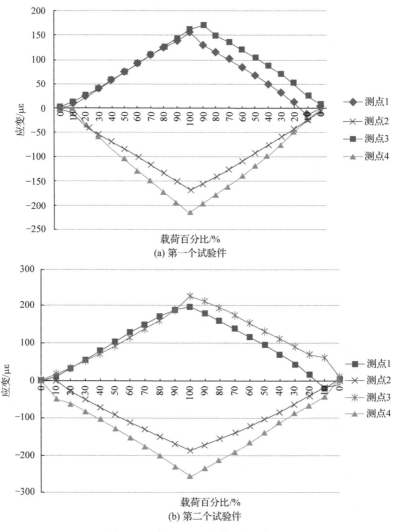

图 4-50　常温 100%载荷-应变曲线

4.5.3 高温试验

1. 试验目的

对试验件开展高温静力试验，逐级加载后研究其是否发生有害变形，为后续结构性能改进提供数据支持。

2. 试验方法

高温 100%载荷试验步骤如下：
(1) 温度加载至设定温度，保载 1min；
(2) 按每级 5%的限制载荷级差逐级加载；
(3) 加载至 100%限制载荷后，保载 3s；
(4) 按加载级差逐级卸载至零重；
(5) 关闭温度箱降至常温。

3. 试验结果与分析

第一个试验件结果中，100%载荷试验应变数据线性良好，测点 1 应变为−280με；试验完成后检查试验件，未发现有害变形。第二个试验件结果中，100%载荷试验应变数据线性良好，测点 1 应变为−319με；试验完成后检查试验件，未发现有害变形。图 4-51 为高温状态下 100%加载时载荷–应变曲线。

4.5.4 仿真分析

1. 有限元模型

试验件为高温合金与复合材料的组合焊接件,共 2 个(图 4-52)。材料为 GH141高温合金、C/SiC 陶瓷基复合材料。

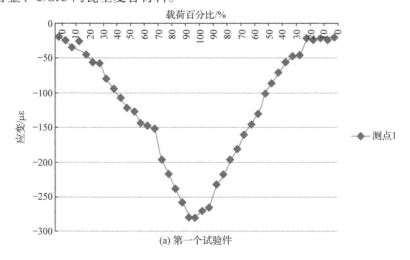

(a) 第一个试验件

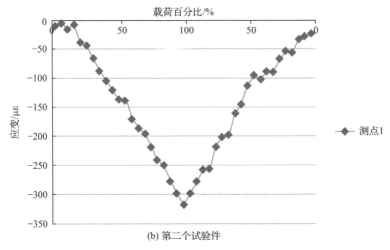

(b) 第二个试验件

图 4-51　高温 100%载荷-应变曲线

图 4-52　试验件构型示意图

　　焊接典型结构主要承受上加载点载荷和下加载点载荷，试验温度分为常温和高温两种情况。加载工况见表 4-11，加载示意图如图 4-53 所示。

表 4-11　焊接典型结构加载工况

序号	加载点编号	F_Z/N	试验温度
1	001	−812	常温
	002	−855	
2	001	−812	高温
	002	−855	

注：F_Z表示 Z 向受力。

　　原点位于焊接典型结构左侧下加载点中心，X 轴沿垂直向上为正，Y 轴水平向右为正，Z 轴垂直指向内侧为正。分析坐标系如图 4-54 所示。

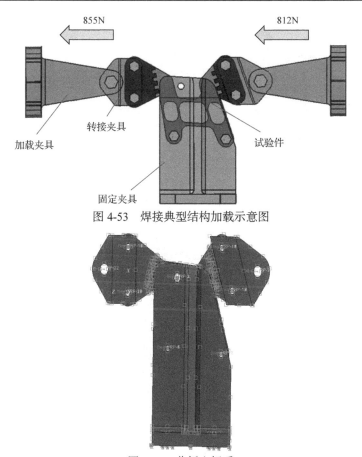

图 4-53　焊接典型结构加载示意图

图 4-54　分析坐标系

　　焊接典型结构有限元模型如图 4-55 所示。整个结构划分 90839 个单元,其中线性缩减积分六面体单元 C3D8R 65476 个, C3D10 单元共 25363 个,考虑温度和载荷的双重影响。对于焊接部位,设置层厚为 2mm 的焊接区域,此区域内的材料由于材料属性、结构尺寸、加工工艺等原因的影响,无法准确的模拟,必须通过细节计算进行估算。现假设该区域材料为均匀的各向同性材料,弹性模量为100GPa,泊松比为 0.32。焊接结构通过 Tie 约束与高温陶瓷复合材料和 GH141零件连接,图中高亮及黄色圆圈表示(扫描章前二维码,查看彩图效果)。

　　进行焊接典型结构总体应力分析时,铰接约束夹具底面的位移自由度,即U1=U2=U3=0,总体应力分析模型的边界约束见图 4-56。

2. 仿真分析结果

　　根据焊接典型结构总体应力分析结果,得到了这些载荷情况下,带孔结构与

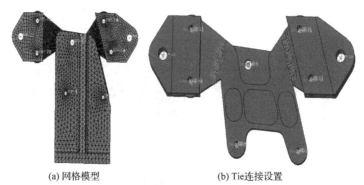

(a) 网格模型   (b) Tie连接设置

图 4-55　焊接典型结构有限元模型

图 4-56　总体应力分析模型的边界约束

填充后结构的位移(变形)云图、应力与应变云图以及常温与高温应变测点应变-加载时间曲线等。

1) 位移(变形)云图

图 4-57 给出了焊接典型结构常温情况下、温度场单独作用和温度+载荷联合作用时的位移云图。在常温情况下，焊接典型结构最大位移为 0.1189mm，位于左侧上部；在温度场单独作用下，焊接典型结构发生膨胀变形，结构最大位移为 1.944mm，位于右侧陶瓷材料下部；在温度+载荷联合作用下，焊接典型结构在载荷作用下产生向左的位移，最大位移为 2.005mm，位于右侧陶瓷材料下部。

2) 应力与应变云图

图 4-58 给出了焊接典型结构常温情况下、温度场单独作用和温度+载荷联合作用时的 Mises 应力云图。在常温情况下，焊接典型结构整体最大应力为 136.5MPa，位于 GH141 U 型薄壁结构处，陶瓷最大应力为 11.89MPa，位于圆孔边缘，焊缝最大应力为 14.41MPa，位于与陶瓷接触边缘；在温度场单独作用下，结构出现宏观膨胀变形，焊接典型结构整体最大应力为 510MPa，位于 GH141 U

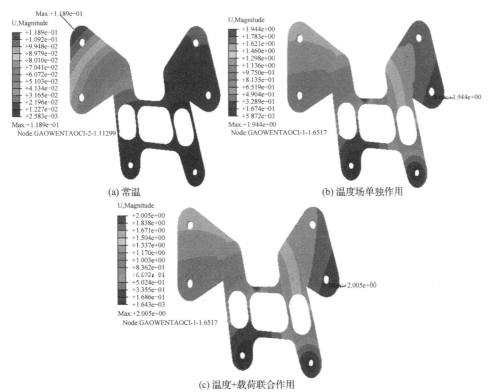

(a) 常温

(b) 温度场单独作用

(c) 温度+载荷联合作用

图 4-57　焊接典型结构的位移云图

型薄壁结构处，陶瓷最大应力为 255.8MPa，位于焊接区域，除去焊接区域高应力，陶瓷结构应力水平低于 100MPa，焊缝最大应力为 265.1MPa，位于与陶瓷接触边缘；在温度+载荷联合作用下，结构膨胀并向左位移变形，焊接典型结构整体最大应力为 510MPa，位于 GH141 U 型薄壁结构处，陶瓷最大应力为 255.8MPa，位于焊接区域，除去焊接区域高应力，陶瓷结构应力水平低于 100MPa，焊缝最大应力为 266.4MPa，位于与陶瓷接触边缘。

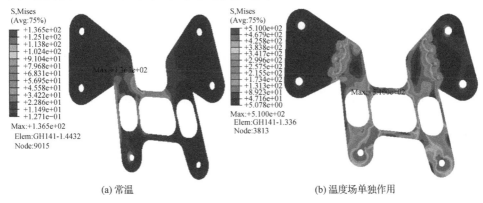

(a) 常温

(b) 温度场单独作用

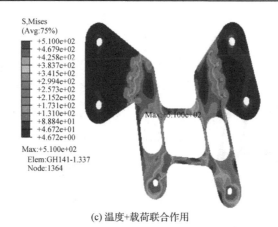

(c) 温度+载荷联合作用

图 4-58　焊接典型结构的 Mises 应力云图

图 4-59 为焊接典型结构常温情况下、温度场单独作用和温度+载荷联合作用时沿 Y 轴的应变云图。在常温时，结构最大应变为 0.0005654，位于 GH141 U 型薄壁结构处，陶瓷结构最大应变为 0.0004609，位于圆孔边缘，焊缝最大应变为 0.0001221，位于与陶瓷结构接触区域；在温度场单独作用下，结构最大应变为 0.144，位于 GH141 U 型薄壁结构处，陶瓷结构最大应变为 0.01389，位于焊缝处，焊缝最大应变为 0.0254，位于与陶瓷结构接触区域；在温度+载荷联合作用下，结构最大应变为 0.1449，位于 GH141 U 型薄壁结构处，陶瓷结构最大应变为 0.01375，位于焊缝处，焊缝最大应变为 0.02532，位于与陶瓷结构接触区域。

3) 应变-加载时间曲线

表 4-12 为常温试验与仿真对应测点应变对比结果，填充结构对应变影响不大且与试验基本无误差。图 4-60 给出了常温受载和高温受载对应试验测点应变-加载时间对比曲线，由曲线可知温度对结构的影响远大于加载。表 4-13 给出了纯高温、纯受载和高温+载荷情况下的应变对比。由表可知，温度对焊接典型结构影

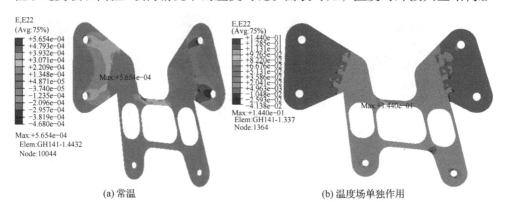

(a) 常温　　　　　　　　　　　　　　(b) 温度场单独作用

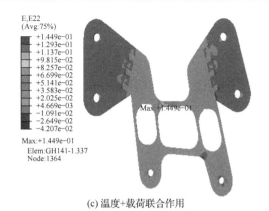

(c) 温度+载荷联合作用

图 4-59 焊接典型结构沿 Y 轴的应变云图

响非常大，且在高温情况下，施加载荷该结构应变比常温时施加相同的载荷对应应变大，因为温度越高，该结构弹性模量越小。

表 4-12 试验与仿真应变对比

项目	试验	仿真	差值
应变/$\mu\varepsilon$	210	204.5	−5.5

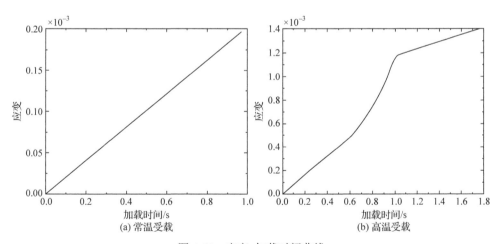

图 4-60 应变-加载时间曲线

表 4-13 不同情况应变对比

项目	应变/$\mu\varepsilon$
纯高温	1176.66
高温+载荷	1476.81
纯受载	300.15

4) 结论

(1) 常温情况下，对于焊接典型结构来说，GH141 结构 U 型区域应力大，是薄弱环节；

(2) 温度场单独作用和温度+载荷联合作用时，焊接典型结构中 GH141 结构 U 型区域应力大，是薄弱环节；

(3) 常温下仿真测点应变与试验结果误差较小，且仿真结果比试验结果略小，与试验误差为–2.62%；

(4) 温度对焊接典型结构影响非常大，约为机械载荷对其影响的 5.75 倍，且在高温情况下，施加载荷结构应变比常温时施加相同的载荷应变大，因为温度越高，该结构弹性模量越小。

4.5.5 小结

本节开展了耐高温陶瓷基复合材料与高温合金焊接典型结构的静力试验与高温试验，并进行了仿真分析。通过试验分析发现，在规定试验环境条件下，静力试验与高温试验均不会使材料及结构发生有害变形。在总体结构中，焊接区域为薄弱区域，在后续的试验过程中，应重点关注复合材料的焊接区域。

第5章　结构高温性能试验

5.1　概　　述

随着空天飞行器设计速度的不断提高，气动加热所产生的高温环境越来越严峻，对飞行器结构的力热承载能力提出了更高的要求，需要通过飞行器结构高温性能试验来进行强度和隔热性能评估。飞行器结构高温性能试验在地面模拟气动热、力学环境，作为空天飞行器结构强度、可靠性及耐热/隔热性能验证的重要手段，已广泛应用于各类空天飞行器型号研制过程。为验证空天飞行器结构设计的可行性，考核所设计的结构在热环境下的结构完整性和可靠性，需要开展大量的结构高温性能试验。

结构高温性能试验主要包括热或者热力载荷的施加、热载荷控制及高温下热参数的测试三大环节。与常温飞行器结构强度试验相比，结构热强度试验的主要特征在于结构施加载荷的同时要模拟热环境。由于在结构热强度试验中增加了温度和时间两个参数，因而热强度试验具有如下特点：①结构高温性能试验必须耦合多种环境要素，如热、气动力、振动等；②结构高温性能试验相对复杂，需要针对全尺寸结构，根据实际飞行历程进行载荷瞬态控制加载。

按照试验目的和内容，结构高温性能试验一般包含以下几类：耐热性能试验、可重复使用性能试验、热力联合试验以及热环境下的运动特性试验，如调节机构性能试验等。

5.2　陶瓷基复材盖板式热防护结构典型试验

5.2.1　引言

盖板式热防护结构主要分为金属盖板和陶瓷盖板。金属盖板式热防护系统机械性能高，后期维护成本低，具有与机身结构材料相同的线膨胀系数，易于集成设计。

陶瓷基复合材料耐温等级高、抗氧化性能好，可适用于更加严苛的飞行热环境。陶瓷基复材盖板式热防护结构具有优良的隔热、保持气动外形、抗冲刷能力和可重复使用等特点，可实现承载-隔热一体化，主要用于空天飞行器高温区热防护，对保障飞行安全，提高飞行器整体性能具有重要作用。

目前，陶瓷基复合材料等热防护材料缺乏准确的热物理参数。一些热物理参数甚至与温度、厚度、特定成分等有关。不同材料组合的绝缘性能差异也很大，这给热防护设计和仿真验证带来了挑战。为了制订合理有效的热防护设计方案，提高其可靠性，亟待准确掌握相关热防护材料及组合的耐热性能。同时，飞行器以比较高的速度飞行时所承受的严酷气动加热对结构性能有显著影响：材料在高温环境下的强度极限和弹性模量降低，导致结构承载能力下降；产生的额外热应力，以及力载荷产生的机械应力，会影响结构的承载能力；在高温和热应力的共同作用下，结构可能会发生过度变形，使结构内部发生损伤，影响结构的隔热性能。为进一步推进陶瓷基复材盖板式热防护结构技术在新型号飞行器研制中的应用，开展陶瓷基复材盖板式热防护结构耐热性能试验以及可重复使用性能试验，为后续盖板式热防护结构的应用提供技术支撑。

5.2.2　耐热性能试验

1. 试验目的

耐热性能试验研究陶瓷基复材热防护盖板在高温环境下的耐热性能，为设计出一种高效的热防护结构提供试验支持。该类型试验可验证热防护设计的正确性，同时为后续型号热防护设计提供参考。

2. 试验设备

耐热性能试验中：MTS 多通道协调控制系统、可控直流电源设备用于控制；DH-3818 静态应变测试系统进行静力试验过程应变数据的采集；试验过程中需要照相机等辅助设备。耐热性能试验设备和测试仪器明细见表 5-1。

表 5-1　耐热性能试验设备及测试仪器明细

序号	名称	规格型号	量程	精度	数量	用途
1	MTS 多通道协调控制系统、可控直流电源设备	T1006F	1200℃	1%	1	温度加载
2	DH-3818 静态应变测试系统	DH-3818	±20000με 2Hz	1%	10 通道	温度测量
3	摄像机	索尼	—	—	2	影像记录
4	照相机	松下 D60	—	—	2	拍照记录

试验选用的设备和测试仪器均需经过标定计量，并在有效期内。各设备量程和精度均需满足试验要求。

3. 试验要求

试验温度、升温速度以及保温时间均需严格按照飞行器实际飞行工况进行确定。陶瓷基复材盖板一侧进行石英灯加热，加热及保温采用 MTS 多通道协调控制系统、可控直流电源设备进行控制，分别在加热面和基体冷面布置热电偶，记录加热温度和冷面温度。

4. 试验方法

(1) 热电偶分布。首先对试验件加热面和冷面粘贴热电偶，控制点热电偶位于试验件中心位置，冷面热电偶与加热面对称。加热面热电偶布置和冷面热电偶布置分别如图 5-1 和图 5-2 所示。

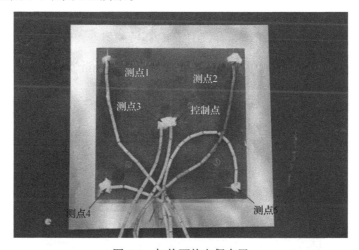

图 5-1　加热面热电偶布置

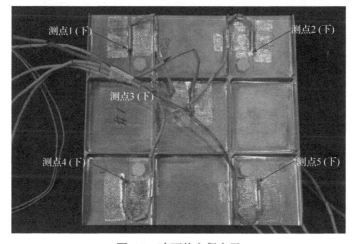

图 5-2　冷面热电偶布置

(2) 试验件安装。试验件粘贴好热电偶后,将试验件安装在加热箱内,加载面四周装上隔热块,加热箱内部根据试验件尺寸定制为台阶形状,方便试验件的安装及隔热。试验件安装方案示意图如图 5-3 所示。

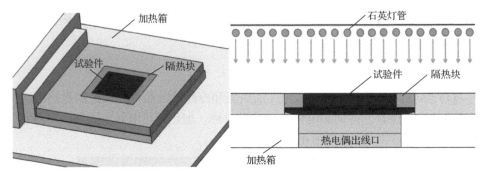

图 5-3　试验件安装方案示意图

将试验件安装至温度箱后,加热面四周存在 1~2mm 空隙,为防止热量从空隙处向下渗透,采用隔热涂料进行填充。

(3) 顶管排布。试验件安装完毕后,进行灯管排布(图 5-4),灯管采用间距 40mm 均布的方式安装,确保加热均匀。

图 5-4　灯管排布

(4) 密封处理。灯管安装调试完毕后使用隔热毡进行密封处理,然后安装加热箱盖板,完成加热设备安装。试验时由 MTS 多通道协调控制系统、可控直流电源设备根据热电偶反馈对石英灯管进行控制,使其对试验件进行加热。

(5) 温度曲线调试。根据试验要求在正式试验前进行模拟试验调试。开始试验前对加热设备进行调试并对试验件预加热,确认设备无误且加热完毕后对加热箱进行密封处理。

密封完毕后开始进行调试试验,依据调试试验结果,对试验参数设置等进行调整。

5. 试验结果与分析

按照试验技术要求，将试验件及设备安装完毕后进行正式试验。根据试验要求(90±5)s 加热至设定温度，保温 100s，当冷面温度超过设定温度时，则试验停止。试验结果如图 5-5 和图 5-6 所示。

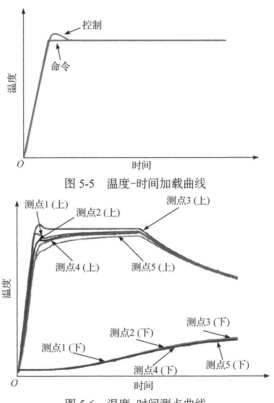

图 5-5　温度-时间加载曲线

图 5-6　温度-时间测点曲线

通过试验数据分析，加载跟随性良好。加热面测点 3(上)与控制点温度比较接近，四周温度则偏低一些，冷面温度基本一致。试验保载至 636s 时，冷面测点 2(下)达到设定温度，试验停止。

试验结束后检查试验件，复材盖板表面、陶瓷螺栓连接处、隔热瓦均未发现可视裂纹和损坏。

5.2.3　可重复使用性能试验

1. 试验目的

开展可重复使用性能试验，记录在多次热循环后的试验件状态是否良好，重点观察陶瓷基复材盖板表面、陶瓷螺栓连接处、隔热瓦等部位。

2. 试验设备

同 5.2.2 小节中所述试验设备。

3. 试验要求

试验温度、升温速度以及保温时间均需严格按照飞行器实际飞行工况进行确定。陶瓷基复材盖板一侧进行石英灯加热，加热及保温采用 MTS 多通道协调控制系统、可控直流电源设备进行控制，根据实际工况进行加热及保载为 1 个循环，重复加热至少 20 次热循环，记录每次热循环的加热温度和冷面温度。

4. 试验方法

同 5.2.2 小节中所述试验方法。

5. 试验结果与分析

可重复使用性能试验第 1 次、第 5 次、第 10 次、第 15 次、第 20 次试验结果如图 5-7~图 5-11 所示。

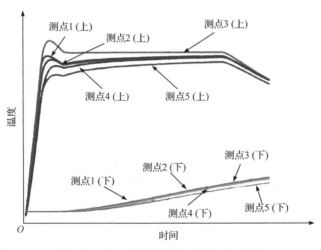

图 5-7　第 1 次试验温度-时间测点曲线

通过试验数据分析，加载跟随性良好。加热面测点 3(上)与控制点温度比较接近，四周温度则偏低一些，冷面温度基本一致。试验保载完成时，冷面测点均未高于设定温度。

试验结束后检查试验件，复材盖板表面、陶瓷螺栓连接处、隔热瓦均未发现可视裂纹和损坏。

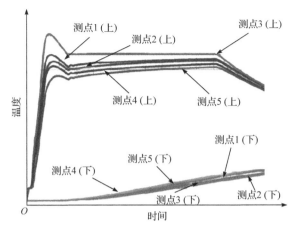

图 5-8　第 5 次试验温度-时间测点曲线

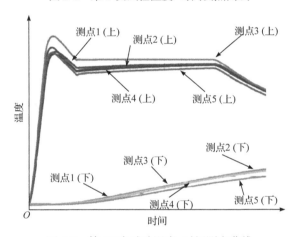

图 5-9　第 10 次试验温度-时间测点曲线

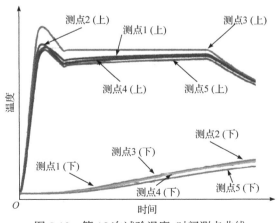

图 5-10　第 15 次试验温度-时间测点曲线

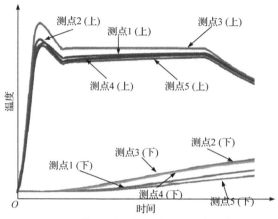

图 5-11　第 20 次试验温度-时间测点曲线

5.2.4　小结

本节介绍陶瓷基复材盖板式热防护结构的耐热性能试验以及可重复使用性能试验，探究陶瓷基复材盖板式热防护结构的耐热性和耐久性。试验发现，陶瓷基复材盖板具有良好的隔热性能，在试验环境条件下未发生可视裂纹和损坏。该试验为后续陶瓷基复材盖板式热防护结构在新型飞行器中的应用提供有效支撑。

5.3　轴承高温环境综合性能试验

5.3.1　引言

轴承作为空天飞行器的关键零部件，在航空技术蓬勃发展的过程中逐渐得到重视，研究人员开展了大量科学研究来提高其应用性能。轴承在机械结构中起着支撑旋转或摆动、减少摩擦和确保旋转精度的作用。空天飞行器中的轴承经常受到高温、重载等恶劣工况的影响，轴承的运行状态将直接影响飞机的整体性能以及飞行器的飞行安全。

在轴承研发过程中，需要进行轴承测试以确定其使用性能。试验模拟轴承实际工况，通过试验获得轴承摩擦力矩、温度变化等动态特性，根据数据结果分析影响轴承性能的因素，推进轴承开发进度，改进轴承设计方案。当前针对轴承所开展的高温试验主要包括转动性能试验以及摆动性能试验。

试验过程中，需设定多重试验保护措施以保证试验的安全运行，确保在出现意外情况下试验件及试验人员的安全。

(1) 试验件保护。试验可通过软件设置温度误差限值和最大温度保护限值，保护试验件的安全。当试验加载温度与目标温度的差异超出载荷误差限值，设备自动断电，试验停止；当试验加载温度大于最大温度保护限值，设备断电，试验停止。

(2) 现场急停保护。试验设备设置急停保护开关，一旦出现紧急情况，试验人员可以立即手动关闭电源，使加载系统失去能量供给而自动停止加载。

(3) 参试人员保护。试验现场设置隔离线，参试人员进入试验现场区域内必须佩戴安全帽及防烫伤、绝缘防具，进行相关操作必须做好安全防护措施。现场放置灭火器，由专人进行监管，防止发生火灾事故。

(4) 试验数据保护。试验完成后，试验负责人及时将试验温度数据、加载数据、照片、录像等，完整备份于保密计算机中并刻盘存档。

5.3.2 轴承高温下转动性能试验

1. 试验目的

开展轴承高温下转动性能试验，研究耐高温关节轴承在高温环境下的转动性能，并探究其温度上升原因。

2. 试验设备

轴承高温环境下转动性能试验所使用设备及测试仪器详细信息见表 5-2。

表 5-2 轴承高温环境下转动性能试验设备及测试仪器明细

序号	名称	规格型号	量程	精度	数量	计量有效期
1	MTS 多通道协调控制系统	MTS-100kN	0～100kN ±150mm	±0.5%	2 套	2018 年 12 月
2	扭矩传感器	NH7-0.3-300N·m-2BJ	0～300N·m	≤0.3%	1 套	2018 年 12 月
3	DH3820 动态应变仪	DH3820	±20000με	≤0.5% ±3με	1 套	2018 年 12 月
4	1100℃高温箱	GW1100	0～1100℃	±3℃	1 套	2018 年 12 月
5	照相机(辅助设备)	佳能 D700	—	—	2	设备完好

该试验选用 MTS 多通道协调控制系统的作动器进行试验载荷施加，试验安装前对作动器进行载荷、位移的检定。作动器载荷的标定是利用标准载荷传感器(或标准试验机)与作动器串联施加载荷以校准该作动器的载荷，标准载荷传感器需进行检定，应符合 0.3 级并在检定有效期内。

3. 试验要求

试验中，测量的转动力矩包括轴承的无载启动力矩和匀速转动时的转动力矩。测量力矩时，温度箱温度应保持一定时间，温度公差±5℃。

4. 试验方法

高温试验通过支持夹具安装于试验平台上进行试验，将轴承内环与驱动轴固定，驱动轴由齿轮齿条结构带动，做往复运动，实现对试验件施加扭矩。轴承转动试验方案如图 5-12 所示。

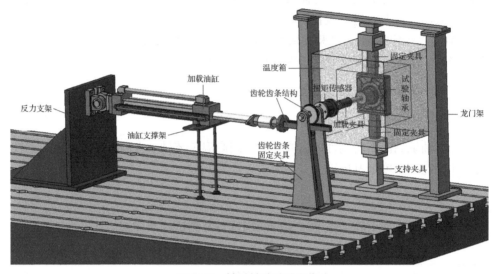

图 5-12　轴承转动试验方案

针对试验轴承 12-1 和 12-2，根据具体试验要求进行升温/降温，并通过静态扭矩传感器及测量设备测量扭矩。扭矩传感器与加载系统相连，用导线与采集仪相连，计算机可采集试验过程中的扭矩值，如图 5-13 所示。

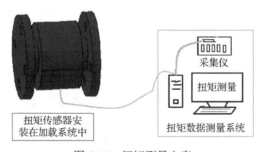

图 5-13　扭矩测量方案

5. 试验结果与分析

1) 高温 1 环境下轴承试验

对于高温 1 环境下轴承试验，试验中采集每个温度等级的启动力矩。表 5-3 给出了 12-1 轴承启动力矩，温度-启动力矩变化曲线如图 5-14 所示。

表 5-3 轴承高温 1 环境下各个温度阶段启动力矩

名称	启动力矩/(N·m)	名称	启动力矩/(N·m)
升温	0.58	降温	1.20
升温	0.62	降温	0.76
升温	0.57	降温	0.86
升温	0.57	降温	0.60
升温	0.57	降温	0.57
升温	0.65	降温	0.56
升温	0.74	降温	0.49
升温	0.77	降温	0.46
升温	0.81	降温	0.55
升温	0.85	降温	0.43
升温	0.88	降温	0.40
升温	0.93	降温	0.43
升温	0.88	降温	0.38
升温	0.84	降温	0.37
升温	1.06	降温	0.38
升温	1.09	降温	0.61
升温	1.27	降温	0.63
升温	1.39	—	—

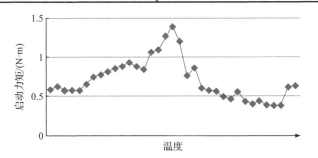

图 5-14 高温 1 环境下轴承温度-启动力矩曲线

根据力矩测试数据统计分析结果可知,随着温度的变化,启动力矩逐渐增大,当在最高温时启动力矩达到最大。在降温过程中,随着温度的下降,启动力矩逐渐减小,当降到某一温度以下时,打开高温炉继续加速降温,由于冷空气迅速进入,轴承表面氧化速度加快,启动力矩又出现增大现象。

2) 高温 2 环境下轴承试验

对于高温 2 环境下轴承试验，试验中采集每个温度等级的启动力矩。表 5-4 给出 12-2 轴承启动力矩，力矩随温度的变化曲线如图 5-15 所示。

表 5-4　轴承高温 2 环境下各个温度阶段启动力矩

名称	启动力矩/(N·m)	名称	启动力矩/(N·m)
升温	0.6	降温	1.5
升温	0.2	降温	1.8
升温	0.3	降温	2.4
升温	0.3	降温	1.8
升温	0.5	降温	1.9
升温	0.5	降温	2.5
升温	0.4	降温	2.5
升温	0.5	降温	1.7
升温	0.6	降温	5.0
升温	0.8	降温	5.7
升温	1.6	降温	6.6
升温	1.2	降温	7.0
升温	1.3	—	—

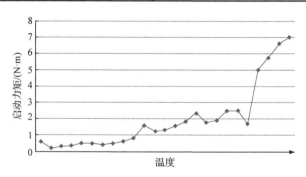

图 5-15　高温 2 环境下轴承温度-启动力矩曲线

在高温环境下进行轴承启动力矩测试，随着温度的升高，启动力矩逐渐增加。在降温过程中，轴承的启动力矩随着温度的降低呈现上升趋势，原因在于高温受热之后试验件表面产生氧化导致轴承内部摩擦力增大。试验完成后的试验件如图 5-16 所示，可以看到，试验件表面发生了明显的氧化。

图 5-16　试验完成后的试验件

5.3.3　轴承高温下摆动性能试验

1. 试验目的

开展轴承高温下摆动性能试验,研究耐高温关节轴承在高温环境下摆动性能,探究其在高温下摆动时的损伤情况。

2. 试验设备

同 5.3.2 小节中所述试验设备。

3. 试验要求

试验中,测量的转动力矩包括轴承的无载启动力矩和匀速转动时的转动力矩。测量力矩时,温度箱温度应保持 30s 以上,温度公差±5℃。

4. 试验方法

在之前夹具安装的基础上,轴承高温下摆动试验在试验件内圈加上径向加载夹具,从而实现对试验件施加径向载荷。轴承径向加载方案如图 5-17 所示。

试验过程中记录使试验件行为产生明显变化或者异响的温度。轴承施加径向载荷,在考核温度下进行轴承摆动试验。要求每隔 500 次循环测量一次轴承游隙,并拍照记录。完成 5000 次循环或轴承间隙超过 0.5mm 时停止试验。游隙间隙测量方案如图 5-18 所示。

5. 试验结果与分析

摆动试验中,当温度升到设定温度后,保温 30min,然后进行摆动加载。试验过程中采集启动力矩及加载过程中的扭矩数据。12-1 轴承高温摆动试验每 500 次循环启动力矩见表 5-5,启动力矩曲线如图 5-19。每 500 次循环后拆下试验件,进行一次测量拍照,12-1 轴承内圈尺寸见表 5-6,轴承磨损情况如图 5-20 所示。

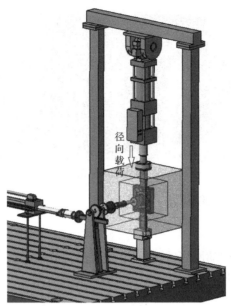

径
向
载
荷

图 5-17　轴承径向加载方案

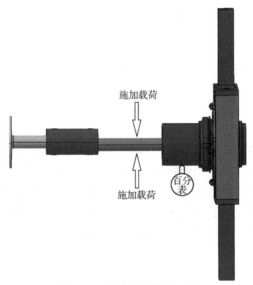

施加载荷

施加载荷

百分表

图 5-18　游隙间隙测量方案

表 5-5　12-1 轴承高温摆动试验启动力矩

循环次数	启动力矩/(N·m)
0~500	43
500~1000	42
1000~1500	42

循环次数	启动力矩/(N·m)
1500~2000	35
2000~2500	33
2500~3000	37
3000~3500	37
3500~4000	34
4000~4500	37
4500~5000	37

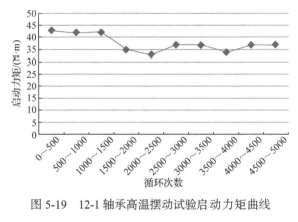

图 5-19　12-1 轴承高温摆动试验启动力矩曲线

表 5-6　12-1 轴承内圈尺寸

循环次数	内圈直径/mm
0~500	17.98
500~1000	17.98
1000~1500	17.98
1500~2000	17.98
2000~2500	17.98
2500~3000	17.98
3000~3500	17.98
3500~4000	17.98
4000~4500	17.98
4500~5000	17.98

(a) 500次循环后实物图

(b) 1500次循环后实物图1

(c) 1500次循环后实物图2

图 5-20　轴承高温摆动试验后实物图

对试验件尺寸及目视结果进行分析，12-1 轴承试验件表面出现氧化现象，试验件在高温下 5000 次循环后未出现较大磨损现象，12-1 轴承启动力矩随循环次数增加出现轻微减小趋势，减小率为 14%。分别对试验件试验前后的径向游隙进行测量，试验前为 0.007mm，试验后为 0.014mm，比试验前增大 0.007mm。

5.3.4　小结

本节开展了轴承高温转动性能试验以及轴承高温摆动性能试验，发现轴承启动力矩受轴承表面氧化情况的影响较大，在摆动性能试验过程中，启动力矩并非随循环次数增加一直出现上升趋势，在循环次数为 1500～2500 时，启动力矩随循环次数增加出现轻微下降。

5.4　缩比等效前体性能试验

5.4.1　引言

为了使空天飞行器能够在更宽的速度范围内飞行，通常使用具有锋利前缘的细长结构来提高升阻比，同时也必须应对由此产生的极高的热流冲击和表面温度。现有研究表明，影响气动热的核心因素是气动外形、飞行速度、飞行环境和巡航时间。为此，针对空天飞行器前体结构开展热考核试验以及热力联合试验，评估前体结构的耐热和承载性能，对保证飞行安全以及改进设计具有重要意义。

5.4.2　静力试验

1. 试验目的

开展静力试验，验证前体结构在力载荷工况下的刚度和强度，并确定结构的力承载能力。

2. 试验设备

根据试验要求，静力试验选用的设备及测试仪器明细见表 5-7。

表 5-7　静力试验设备及测试仪器明细

序号	名称	规格型号	量程	精度	用途
1	MTS 多通道协调控制系统	MTS-10	±10kN ±250mm	1%	载荷加载
		MTS-30	±30kN ±250mm	1%	载荷加载
2	数据采集系统	DH-3818Y	2Hz	1% ±3με	数据采集
3	顶杆式位移传感器	DH821-50	±25mm	±0.02mm	位移测量
4	摄像机	索尼	—	—	影像记录
5	照相机	佳能	—	—	拍照记录

3. 试验方法

首先将试验件固定端耳片分别通过销轴与固定夹具连接，固定夹具通过高强度螺栓连接至固定底板上，固定底板再通过高强度螺栓安装至试验台架上完成试验件支持。试验件支持方式如图 5-21 所示。

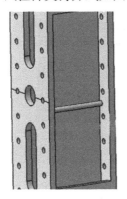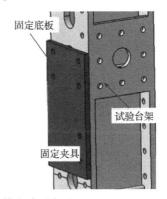

图 5-21　试验件支持方式示意图

　　然后在试验件力加载位置安装加载夹具。加载夹具通过销轴与加载作动器连接，加载作动器通过背板安装在门形架上，门形架通过 M22 螺杆固定在试验台架上。试验时由加载作动器向试验件施加拉/压载荷。试验整体加载以及局部加载分别如图 5-22 和图 5-23 所示。

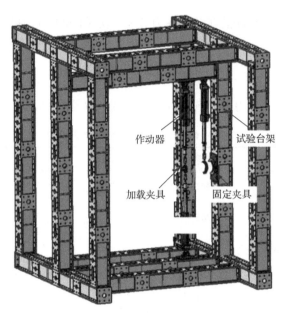

图 5-22　力载荷整体加载示意图

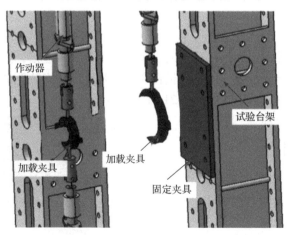

图 5-23　力载荷局部加载示意图

　　具体试验步骤如下：

(1) 按试验技术要求粘贴应变片，再由屏蔽导线连接至采集仪并调通。

(2) 完成试验件及加载设备的安装。

(3) 先对单个作动器进行单点调试，再对 2 个作动器进行协调加载调试，确定合适的 PID 值。

(4) 编制好预试试验载荷谱，设定好载荷保护，打开摄像机，进行预试试验。预试试验按 5%为一级逐级加载至 30%载荷，保载 3s 后再逐级进行卸载至 0，试验期间采集应变、位移数据。

(5) 预试试验完成后检查试验件是否出现目视可见损伤，检查应变、位移数据线性、重复性是否良好。

(6) 编制好正式试验载荷谱，设定好载荷保护，打开摄像机，进行正式试验。试验按 5%为一级逐级加载至 100%载荷，保载 30s 后再逐级进行卸载至 0，试验期间采集应变、位移数据。

(7) 100%试验完成后检查试验件是否出现目视可见损伤，检查应变、位移数据线性是否良好。

(8) 试验完成后检查试验件是否出现目视可见损伤并记录数据。

4. 试验结果与分析

各工况试验完成后检查试验件，未发现目视有害变形。试验结果如图 5-24 所示，可知试验最大应变为–416με(测点 0302)，位于上蒙皮右侧；试验件最大位移为 6.54mm(测点 3)，位于试验件最前端 Z 向。

5.4.3　热考核试验

1. 试验目的

开展热考核试验，验证前体结构在热载荷工况下的热膨胀变形和强度；验证结构传热仿真分析模型的正确性，并确定结构的热承载能力。

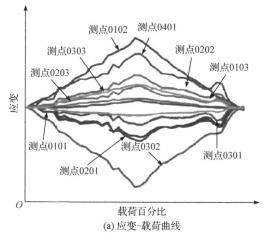

(a) 应变-载荷曲线

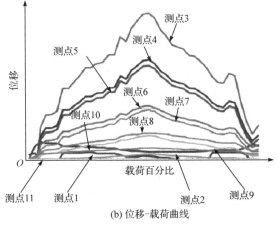

(b) 位移-载荷曲线

图 5-24　静力试验结果

2. 试验设备

根据试验要求，热考核试验选用的设备及测试仪器明细见表 5-8。

表 5-8　热考核试验设备及测试仪器明细

序号	名称	规格型号	量程	精度	用途
1	MTS 多通道协调控制系统	MTS-10	±10kN ±250mm	1%	载荷加载
		MTS-30	±30kN ±250mm	1%	载荷加载
2	可控直流电源设备	T1006F	1500℃	1%	温度加载
3	数据采集系统	DH-3818Y	2Hz	1% ±3με	数据采集
4	热电偶	K 型	−200～1300℃	±3℃	温度测量
5	摄像机	索尼	—	—	影像记录
6	照相机	佳能	—	—	拍照记录

3. 试验方法

热考核试验总时间为 100s，其中升温时间为 40s，保温时间为 60s。热考核试验支持方式与静力试验支持方式一致。热载荷加载由可控直流电源设备进行施加。先将定制灯管支架安装在试验件外侧加热区，灯管支架由高强度螺栓固定在平台上。在试验件四个加热区上方的支架上分别安装石英灯管，石英灯管按 50mm 间距均布，试验中由石英灯管通过热辐射的方式向试验件施加温度载荷。试验件热防护区域安装隔热块，用于试验中对保护区域的隔热效果。

热电偶布置及石英灯安装。试验件固定完成后，首先在各温度区要求的测点位置安装热电偶，其次在各个温度的灯管支架上安装好石英灯管，石英灯管按 40mm 均布排布，最后将安装好石英灯管的支架安装在试验件加热区域，通过支撑架固定。

位移计安装。石英灯管安装完毕后，在要求的位移测点位置安装位移传感器，位移传感器固定在支撑架上，通过不锈钢延长杆顶在位移测点位置。

具体试验步骤如下：

(1) 完成试验件及加载设备的安装。

(2) 先对单个区域的石英灯管进行单点调试，再对所有区域的石英灯管进行协调加载调试，确定合适的 PID 值。

(3) 编制好预试试验载荷谱，设定好载荷保护，打开摄像机，进行预试试验。预试试验按 40s 连续加载至 30%温度载荷，保载 60s 后再逐级进行卸载至常温，试验期间采集温度、位移数据。

(4) 预试试验完成后检查试验件是否出现目视可见损伤，检查应变、位移数据线性、重复性是否良好。

(5) 编制好正式试验载荷谱，设定好载荷保护，打开摄像机，进行正式试验。试验按 40s 连续加载至 100%温度载荷，保载 60s 后再逐级卸载至常温，试验期间采集温度、位移数据。

(6) 试验完成后检查试验件是否出现目视可见损伤并记录数据。

4. 试验结果与分析

各工况试验完成后检查试验件，未发现目视有害变形。热考核试验结果如图 5-25 所示。由图可知：①试验件上表面 3 个加载段的左右两侧的温度基本一致，说明加载均匀性良好，保温状态稳定。②试验件下表面 3 个加载段的左右两侧的温度基本一致，说明加载均匀性良好，保温状态稳定。测点 18 为尾部端面监控测点，试验件表面温度增加时，测点 18 温度呈递增趋势，试验件表面温度不变时，测点 18 温度呈递增趋势但速率降低。③试验件表面温度增加时，位移呈递增趋势，

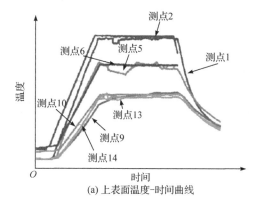

(a) 上表面温度-时间曲线

试验件表面温度保温时，位移基本保持稳定。

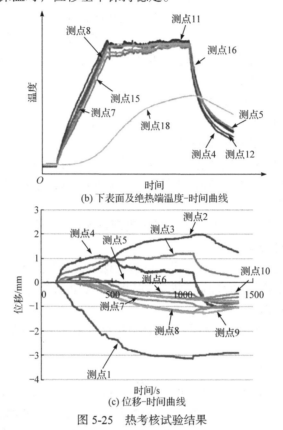

(b) 下表面及绝热端温度-时间曲线

(c) 位移-时间曲线

图 5-25　热考核试验结果

5.4.4　热力联合试验

1. 试验目的

开展热力联合试验，验证前体结构在力热耦合载荷工况下的刚度和强度，验证结构的力热承载能力。

2. 试验设备

根据试验要求，热力联合试验选用的设备及测试仪器明细见表 5-9。

表 5-9　热力联合试验设备及测试仪器明细

序号	名称	规格型号	量程	精度	用途
1	MTS 多通道协调控制系统	MTS-10	±10kN ±250mm	1%	载荷加载
		MTS-30	±30kN ±250mm	1%	载荷加载

续表

序号	名称	规格型号	量程	精度	用途
2	可控直流电源设备	T1006F	1500℃	1%	温度加载
3	数据采集系统	DH-3818Y	2Hz	1% ±3με	数据采集
4	顶杆式位移传感器	DH821-50	±25mm	±0.02mm	位移测量
5	热电偶	K 型	−200～1300℃	±3℃	温度测量
6	摄像机	索尼	—	—	影像记录
7	照相机	佳能	—	—	拍照记录

3. 试验方法

热力联合试验支持方式与热考核试验支持方式一致。分别安装力加载设备和热加载设备，试验时使用 MTS 多通道协调控制系统控制力加载和热加载系统同时进行加载，达到力热耦合试验目的。

(1) 完成试验件及加载设备的安装；

(2) 先对单个区域的作动器及石英灯管进行单点调试，再对所有区域的作动器及石英灯管进行协调加载调试，确定合适的 PID 值；

(3) 编制好预试试验载荷谱，设定好载荷保护，打开摄像机，进行预试试验；

(4) 预试试验载荷按 40s 连续加载至 30%温度/载荷，然后保载 60s，保载完毕后逐级卸载至常温/零载，试验期间采集温度、位移数据；

(5) 预试试验完成后检查试验件是否出现目视可见损伤，检查位移数据线性、重复性是否良好；

(6) 编制好正式试验载荷谱，设定好载荷保护，打开摄像机，进行正式试验；

(7) 试验载荷按 40s 连续加载至 100%温度/载荷，然后开始保载 60s，保载完成后再逐级卸载至常温/零载，试验期间采集温度、位移数据；

(8) 试验完成后检查试验件是否出现目视可见损伤并记录数据。

4. 试验结果与分析

各工况试验完成后检查试验件，未发现目视有害变形。热力联合试验结果如图 5-26 所示。由图可知：①试验件上表面 3 个加载段的左右两侧的温度基本一致，说明加载均匀性良好，保温状态稳定。②试验件下表面 3 个加载段的左右两侧的温度基本一致，说明加载均匀性良好，保温状态稳定。测点 18 为尾部端面监控测点，试验件表面温度增加时，测点 18 温度呈递增趋势，试验件表面温度不变时，测点 18 温度呈递增趋势但速率降低。③试验件力载荷加载和表面温度增加时，位移呈递增趋势，线性良好，试验件表面温度保温时，位移基本保持稳定。

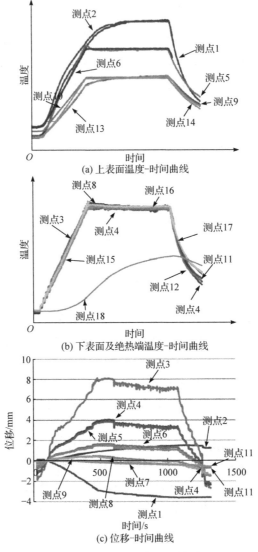

图 5-26　热力联合试验结果

5.4.5　小结

本节开展缩比等效前体的静力试验、热考核试验和热力联合试验，验证前体结构在热力耦合下的刚度、强度和热承载能力，为后续机体结构的设计改进提供理论支持。

5.5　调节板及调节机构性能试验

5.5.1　引言

空天飞行器所处的高温环境不仅影响结构的承载能力以及气动效率，而且会导致结构刚度降低。在多种因素的共同作用下，结构的固有频率存在降低的可能，严重时会引起不协调的变形，影响机械的正常运行，甚至部件卡滞而导致飞行事故。为全面考核空天飞行器调节板及调节机构的服役性能，为其装机应用提供技术支撑，需开展全尺寸调节板及调节机构热载荷考核试验，获取调节板典型机构的静强度、热力耦合服役性能，建立调节板及调节机构热载荷试验验证体系。

5.5.2　力载荷调整试验

1. 试验目的

针对典型试验件开展力载荷调整试验，对其运动特性进行验证。

2. 试验设备

力载荷调整试验选用的设备及测试仪器明细见表 5-10。

表 5-10　力载荷调整试验设备及测试仪器明细

序号	名称	规格型号	量程	精度	数量	用途
1	MTS 多通道协调控制系统	MTS-100	±100kN ±250mm	1%	2	载荷加载
		MTS-10	±10kN ±250mm	1%	3	载荷加载
2	摄像机	索尼	—	—	2	影像记录
3	照相机	松下 D60	—	—	2	拍照记录

3. 试验方法

调节板及调节机构约束点包括前调板转轴两端、作动器固定端及后调板两个滑轨，共 5 个固定位置。

前调节板固定接头处 2 处接头通过高强度螺栓与固定夹具横梁连接，固定夹具再通过高强度螺栓固定在平台上，见图 5-27。

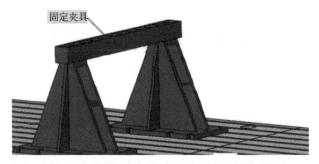

图 5-27　前调节板固定接头处支持方式示意图

作动器固定处安装销轴,通过高强度螺栓安装在反力支架上。作动器与前调节板安装角度为 53.677°,见图 5-28。

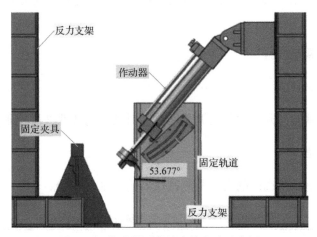

图 5-28　作动器固定处支持方式示意图

轨道固定处安装销轴(固定轨道位置与试验要求一致),通过高强度螺栓固定在反力支架上,反力支架最终通过高强度螺栓固定在平台上,完成试验件支持。

根据试验要求,试验件固定点分为前调节板固定接头处、作动器固定处和轨道固定处。如图 5-29 所示,前调节板载荷加载点分为 4 个,分布在前调节板 1/4、3/4 处,通过杠杆系统将 4 个加载点合并为 1 个集中加载点,再通过销轴与作动器连接,试验中由作动器向试验件施加拉载荷。加载作动器安装在滑轨系统上,滑轨系统通过销轴与作动器连接。试验过程中,通过作动器收缩改变加载作动器位置使加载方向始终垂直于前调节板蒙皮。

如图 5-30 所示,后调节板载荷加载点分为 4 个,分布在后调节板 1/4、3/4 处,通过杠杆系统将 4 个加载点合并为 2 个集中加载点,再通过销轴分别与作动器连接,试验中由作动器向试验件施加拉载荷。加载作动器安装在滑轨系统上,滑轨系统通过销轴与作动器连接。试验过程中,通过作动器收缩改变加载作动器位置使加载方向始终垂直于前调节板蒙皮。

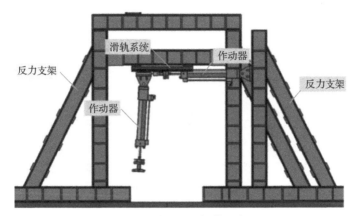

图 5-29　前调节板加载示意图

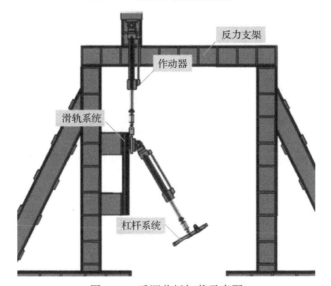

图 5-30　后调节板加载示意图

中间作动器至指定板位，调节使其进行往复 10mm 运动，期间检查试验件是否出现卡滞，运动完成后前后板卸载至零载。

4. 试验结果与分析

50%力载荷调整试验载荷-时间曲线如图 5-31 所示，中间作动器载荷变化曲线如图 5-32 所示。

100%力载荷调整试验集中力载荷-时间曲线如图 5-33 所示，中间作动器载荷变化曲线如图 5-34 所示。

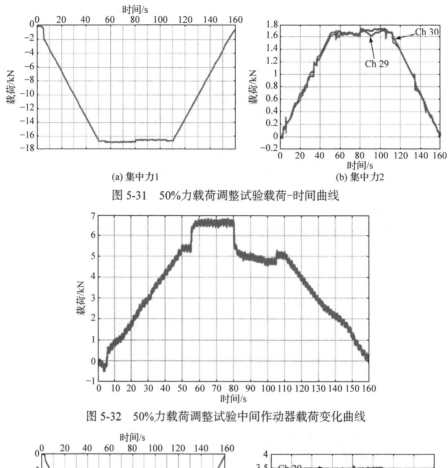

(a) 集中力1　　　　　　　　　　　(b) 集中力2

图 5-31　50%力载荷调整试验载荷-时间曲线

图 5-32　50%力载荷调整试验中间作动器载荷变化曲线

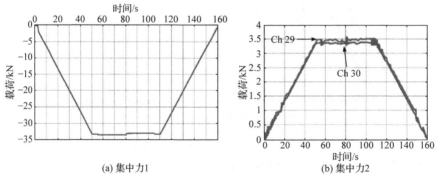

(a) 集中力1　　　　　　　　　　　(b) 集中力2

图 5-33　100%力载荷调整试验载荷-时间曲线

5.5.3　热载荷调整试验

1. 试验目的

开展热载荷调整试验，将典型试验件加热至指定温度后进行运动调节，验证高温环境下其是否存在卡滞问题。

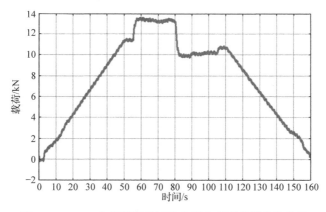

图 5-34　100%力载荷调整试验中间作动器载荷变化曲线

2. 试验设备

根据试验要求，热载荷调整试验选用的设备及测试仪器明细见表 5-11。

表 5-11　热载荷调整试验设备及测试仪器明细

序号	名称	规格型号	量程	精度	数量	用途
1	MTS 多通道协调控制系统	MTS-100	±100kN ±250mm	1%	2	载荷加载
		MTS-10	±10kN ±250mm	1%	3	载荷加载
2	可控直流电源设备	T1006F	1500℃	1%	1	温度加载
3	DH-3818 静态应变测试系统	DH-3818	±20000με 2Hz	1%	10 通道	温度测量
4	摄像机	索尼	—	—	2	影像记录
5	照相机	松下 D60	—	—	2	拍照记录

3. 试验方法

热载荷调整试验在力载荷调整试验的基础上增加温度测点以及热载荷加载装置。调节板及调节机构温度测量点共 2 个，位于调节板外表面，为前后调板中心位置。

试验件加热区域为前调节板和后调节板背面，通过石英灯管进行热辐射加热。石英灯管安装在灯管支架上，2 处灯管支架各由 4 个 C 型卡箍通过螺栓固定在试验件上。灯管支架可在试验件运动过程中进行随动加载。背面热加载示意图如图 5-35 所示。

具体试验步骤如下：

(1) 首先按照试验要求对每个试验件粘贴热电偶，并调通。

(2) 将调节板及调节机构安装至试验台，缓慢加载集中力，不加热，调节作动器，观察机构是否卡滞，作动器推力是否异常。

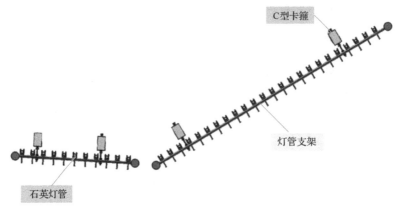

图 5-35　背面热加载示意图

(3) 将调节板及调节机构调节至最下板位，加热至设定温度，不加载，持续 2min 后，立即调节作动器至最上板位，观察机构是否卡滞，作动器推力是否异常。

(4) 将调节板及调节机构调节至最下板位，缓慢加载集中力，完成加载后开始加热，加热至设定温度，持续 2min，随后调节作动器至最上板位，观察机构是否卡滞，作动器推力是否异常。

(5) 试验过程按要求填入试验日志记录表。

4. 试验结果与分析

高温(200℃)中间作动器载荷变化曲线、前后调节板温度变化曲线以及滑轨温度变化曲线如图 5-36 所示。

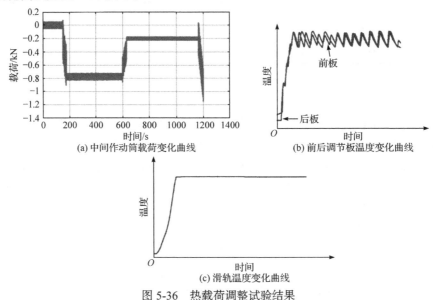

图 5-36　热载荷调整试验结果

5.5.4 小结

本节开展调节板及调节机构力载荷调整试验及热载荷调整试验，试验过程中机构未发生卡滞情况，试验结果可为后续相关机构的设计提供参考。

5.6 耐高温前缘结构性能试验

5.6.1 引言

随着马赫数的不断增加，当空天飞行器飞行速度超过声速后，气动加热会造成飞行器前缘结构温度大幅增加，远超过目前传统的铝合金、碳环氧类复合材料的温度使用范围，因此前缘结构面临着气动力与热的双重考验。为保证飞行器安全与可靠，进一步优化飞行器的质量，并提升飞行器总体性能，需针对前缘结构开展静力试验和隔热性能试验。

5.6.2 静力试验

1. 试验目的

开展静力试验，考核机翼前缘结构强度，验证结构设计的可行性，为后续结构设计改进提供借鉴。

2. 试验设备

静力试验选用的设备和测试仪器明细见表 5-12。

表 5-12 静力试验设备及测试仪器明细

序号	名称	规格型号	数量	主要参数	用途
1	MTS 多通道协调控制系统	MTS-30	1 套	1%	试验载荷加载
2	顶杆式位移传感器	DH801	3 套	0~50mm ±0.02mm	测量试验件位移
3	数据采集系统	DH3820	1 套	±1%	采集试验过程中应变和位移数据
4	摄像机	索尼	1 套	—	影像记录
5	照相机	松下 D60	1 套	—	拍照记录

试验选用的设备和仪器均经过直接计量或传递计量，并在有效期内。各设备量程和精度均满足试验要求。

3. 试验方法

1)应变测量要求

静力试验布置应变片共 63 片,部分粘贴位置见图 5-37。

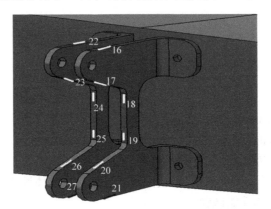

图 5-37　静力试验应变片的部分粘贴位置

图 5-38 显示了双耳应变片的粘贴位置,其余耳片应变片粘贴位置与图 5-37 一致。

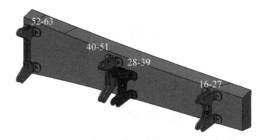

图 5-38　双耳应变片粘贴位置

2) 位移测量要求

静力试验共 A、B、C 三个位移测量点,测量 A、B、C 三点的 Z 向位移,A、B、C 三点位于前缘前端。

试验件短梁与固定夹具通过 58 个 $\phi6$ 螺栓进行连接,固定夹具通过 20 个 M10 螺栓固定在底板上,底板连接反力支架并最终连接至平台上。静力试验支持方式如图 5-39 所示。

试验加载点共 6 个,均分布在试验件下翼面。在试验加载点位置粘贴帆布带,由杠杆进行载荷合并,最终由一个加载作动器进行载荷加载。杠杆自重由作动器进行平衡。静力试验加载方式如图 5-40 所示。

在给定加载点载荷的条件下进行静力试验,采集各测点应变和位移。

(1) 试验夹具应连接到试验件短梁上,并保证试验过程中试验夹具不被破坏。

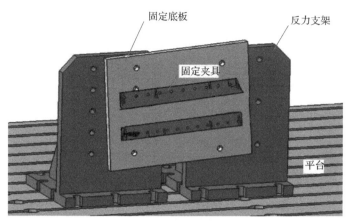

图 5-39　静力试验支持方式示意图

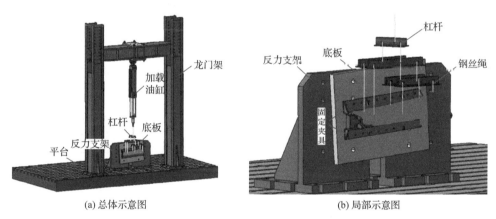

(a) 总体示意图　　　　　　　　　　　　　　(b) 局部示意图

图 5-40　静力试验加载方式示意图

(2) 试验载荷分级加载:在 65%试验载荷以前按 5%试验载荷逐级加载,65%~ 67%试验载荷段按 2%试验载荷加载, 67%试验载荷时保载 30s, 在 67%~90%试验载荷段按 2%试验载荷逐级加载,90%~100%试验载荷段按 1%试验载荷逐级加载, 100%试验载荷时保载 3s。

(3) 试验加载、测量误差不超过 1%。

4. 试验结果与分析

针对静力 100%载荷试验, 试验完成后目测检查试验件及支持夹具安装状态完好。分析可知, 试验数据线性良好。最大应变为 955.2με(测点 48), 位于试验件接头处。最大位移为-2.43mm(位移 3)位于前缘右侧。

100%载荷试验结果表明加载设备准确、稳定,数据采集设备稳定、无异常。试验曲线如图 5-41 和图 5-42 所示。

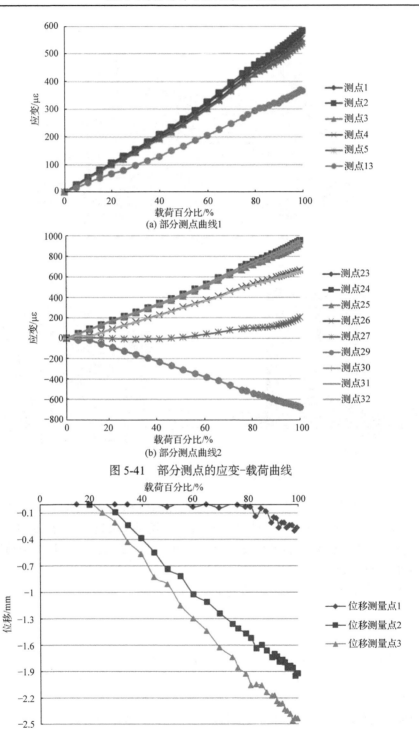

(a) 部分测点曲线1

(b) 部分测点曲线2

图 5-41　部分测点的应变-载荷曲线

图 5-42　部分测点的位移-载荷曲线

5.6.3 隔热性能试验

1. 试验目的

开展隔热性能试验，测试机翼前缘结构的隔热性能，为后续机体结构设计改进提供数据支持。

2. 试验设备

隔热性能试验选用的设备和测试仪器明细见表 5-13。

表 5-13　隔热性能试验设备及测试仪器明细

序号	名称	规格型号	数量	主要参数	用途
1	热电偶	K 型	95 个	0～1300℃；±1%	测量试验件蒙皮与接头温度
2	MTS 多通道协调控制系统	MTS-30	1 套	1%	试验的温度加载
3	数据采集系统	DH3820	1 套	±1%	采集试验过程中的温度数据
4	绝热箱	定制	1 套	—	进行绝热、试验件和夹具固定
5	摄像机	索尼	1 套	—	影像记录
6	照相机	松下 D60	1 套	—	拍照记录

试验选用的设备和仪器均经过直接计量或传递计量，并在有效期内。各设备量程和精度均满足试验要求。

3. 试验方法

在试验件上布置一系列温度测量点，共计 91 个测温点。具体测温点分布如图 5-43 所示。

测温点分布说明如下。

(1) 前缘及前墙缘条测温点分布。1#～26#测温点分布在前缘上，其中 1#、2#、3#、5#、6#位于前缘对称线对应位置的内形面上，4#位于前缘对称线外形面上，9#、10#、11#、12#分别位于上翼面外形面、上翼面内形面、下翼面内形面、下翼面外形面，其余各组测温点对应分布于上翼面内形面和下翼面内形面；27#～36#测温点分布在前墙缘条上，各组测温点应分布于上缘条外形面和下缘条外形面。

(2) 前墙腹板、隔热毡及接头测温点分布。37#～48#测温点分布在前墙朝向前缘的腹板面上；49B#～64A#和 65C#、69C#、71C#、75C#测温点分布在前缘接头耳片及其连接件上，A、B、C 各类测温点分布位置如图 5-43(d)所示，其中 $d \leqslant$ 10mm；66#、67#、68#、70#、72#、73#、74#测温点分布在隔热毡表面。

(3) 前墙腹板测温点分布。76#～91#测温点分布在各接头底板连接螺母上。

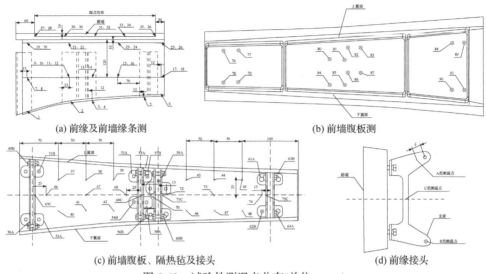

(a) 前缘及前墙缘条测　　　　　　　　　　(b) 前墙腹板测

(c) 前墙腹板、隔热毡及接头　　　　　　　(d) 前缘接头

图 5-43　试验件测温点分布(单位：mm)

　　将试验件前墙筋条与 2 个固定双耳夹具分别通过 4 个螺栓夹紧，在螺栓与筋条接触面垫入隔热垫片，防止试验件热传递散热。固定双耳通过螺母固定在绝热箱上。

　　绝热箱按试验要求定制而成，内部为绝热壁，绝热壁与试验件绝热面通过隔热棉完全填充，保证试验中不会受外界冷气流的影响而造成测量误差。

　　绝热箱可以水平放置或垂直放置，可满足水平放置试验和垂直放置试验两种状态的要求。隔热性能试验支持方式如图 5-44 所示。

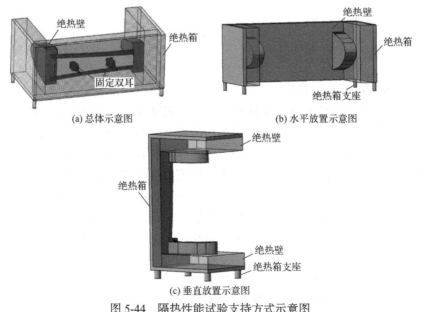

(a) 总体示意图　　　　　　　　　　(b) 水平放置示意图

(c) 垂直放置示意图

图 5-44　隔热性能试验支持方式示意图

试验加载采用石英灯加热方式，在试验件加载面共布置 12 个灯管，分为 3 组，分别加载在机翼前缘、上翼面和下翼面。灯管通过支架固定于绝热箱上。隔热性能试验加载方式如图 5-45 所示。

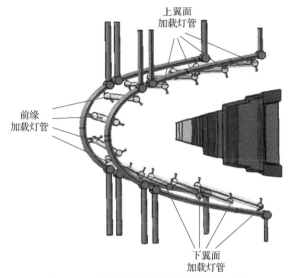

图 5-45　隔热性能试验加载方式示意图

在给定外表面温度及材料热物理参数的条件下进行隔热测试试验，采集各测温点温度。

(1) 正式试验前应调试加热装置并进行预加载，其表面温度不超过正式试验时表面温度的 70%。

(2) 进行隔热试验时，应保证在绝热环境中进行，避免外界冷气流的影响而造成加载误差。

(3) 测量误差不超过 1%。

(4) 在所设定高温值范围内，加载温度误差控制在±5℃以内；温度超过设定高温值，加载温度误差不超过 2%。

4. 试验结果与分析

试验控制点共三个，分别为机翼前缘驻点 A、上翼面点 B 和下翼面点 C。试验结果如图 5-46 所示。

对机翼前缘结构上的一系列结构特征点进行温度测量，包括前缘的外形面、上下翼面前墙缘条，并绘制部分测点的温度变化曲线，如图 5-47 所示。

试验完成后目测检查试验件状态完好，无明显变化。

由试验结果可知，试验过程中前缘温度最高，上下翼面往前墙方向温度递减，直至前墙缘条处温度最低，可说明隔热毡及隔热垫隔热效果良好。

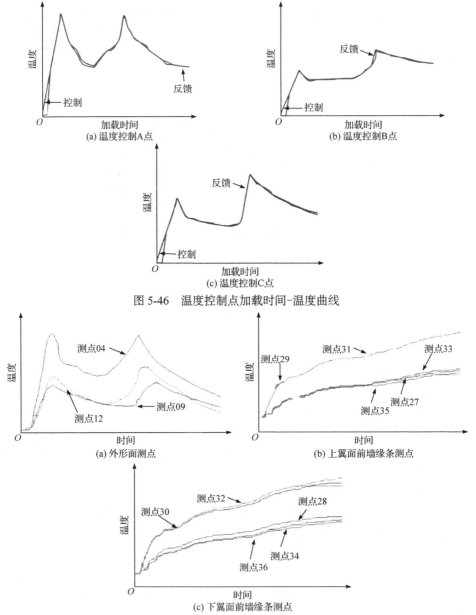

图 5-46 温度控制点加载时间–温度曲线

图 5-47 试验件各测点温度变化曲线

5.6.4 小结

本节开展了耐高温前缘结构静力试验以及隔热性能试验，试验过程中前缘温度最高，上下翼面往前墙方向温度递减，直至前墙缘条处温度最低，证明隔热毡及隔热垫隔热效果良好。

参 考 文 献

[1] 党扬帆. 复合材料副翼结构热-力分析与试验[D]. 西安: 西北工业大学, 2020.

[2] 毕士冠. 国外超声速巡航导弹发展战略与技术途径讨论(下): 类别地位与发展态势评析[J]. 飞航导弹, 2007(2): 1-8, 21.

[3] 杨志斌, 蒋军亮. 气动热环境下多翼导弹温度场数值模拟[J]. 航空计算技术, 2014, 44(1): 48-51.

[4] 程连品. 导弹隔热材料及结构在热力耦合下的力学行为[D]. 西安: 西北工业大学, 2019.

[5] 刘亚. 高超声速飞行器气动热与热环境的数值计算研究[D]. 南京: 南京理工大学, 2012.

[6] 郭辉荣, 程昌, 邓智军. 某飞行器防热材料力学性能测试与分析[J]. 宇航材料工艺, 2016, 46(5): 81-84.

[7] 李世斌, 马锐, 王林. 高速飞行器组合式热防护系统研究进展[J]. 战术导弹技术, 2023(1): 8-21.

[8] 刘永胜, 曹立阳, 张运海, 等. 高超声速飞行器热防护用超高温复合材料的研究进展[J]. 复合材料科学与工程, 2022(10): 107-118.

[9] Xue Z, Wang P Y, Yue Z F, et al. Advanced cooling channel structures for enhanced heat dissipation in aerospace[J]. Applied Thermal Engineering, 2024, 248: 123346.

[10] Wei T, Zhao S, Gao Z Z, et al. Residual life assessment method for polymethyl methacrylate[J]. Multidiscipline Modeling in Materials and Structures, 2020, 16(4): 679-687.

[11] 宁睿, 李柯润, 王钧, 等. 飞行器前缘热结构热载荷关键技术研究[C]. 2019航空装备服务保障与维修技术论坛暨中国航空工业技术装备工程协会年会, 南昌, 2019: 4.

[12] 张黎, 李丽远, 胡由宏, 等. 力热振联合试验静力加载技术研究[J]. 航天制造技术, 2021(1): 40-44.

[13] 苏力德, 贾二院. 结构热试验中飞行器内部空间温度测量方法研究[J]. 工程与试验, 2018, 58(3): 22-26,99.

[14] 刘初平. 气动热与热防护试验热流测量[M]. 北京: 国防工业出版社, 2013.

[15] 刘明明, 刘丙坤, 戴强. 直升机旋翼桨叶载荷测量方法[J]. 电子技术与软件工程, 2020(3): 97-99.